U0575836

邂逅

心想事成的人生

张翔/著

中国财富出版社

图书在版编目（CIP）数据

邂逅心想事成的人生 / 张翔著 . —北京：中国财富出版社，2017.1

ISBN 978 - 7 - 5047 - 6353 - 2

Ⅰ. ①邂… Ⅱ. ①张… Ⅲ. ①成功心理 - 通俗读物 Ⅳ. ①B848.4 - 49

中国版本图书馆 CIP 数据核字（2016）第 322800 号

| **策划编辑** | 宋宪玲 | **责任编辑** | 宋宪玲 | | | | |
| **责任印制** | 方朋远 | **责任校对** | 孙会香 孙丽丽 张营营 | | **责任发行** | 张红燕 |

出版发行	中国财富出版社	
社　　址	北京市丰台区南四环西路 188 号 5 区20 楼	**邮政编码**　100070
电　　话	010 - 52227588 转 2048/2028（发行部）	010 - 52227588 转 307（总编室）
	010 - 68589540（读者服务部）	010 - 52227588 转 305（质检部）
网　　址	http://www.cfpress.com.cn	
经　　销	新华书店	
印　　刷	北京京都六环印刷厂	
书　　号	ISBN 978 - 7 - 5047 - 6353 - 2/B · 0518	
开　　本	710mm×1000mm　1/16	**版　次**　2017 年 1 月第 1 版
印　　张	17.25	**印　次**　2017 年 1 月第 1 次印刷
字　　数	270 千字	**定　价**　42.00 元

版权所有 · 侵权必究 · 印装差错 · 负责调换

推荐序
心想事成，不只是祝福语，更是一种技能

我从 2007 年分享吸引力法则迄今，转眼已九个年头了。越是深入学习，就会越了解《秘密》里说的根本不是秘密。

我朋友说的一句玩笑话我很认同："如果要给《秘密》取个'名副其实'的书名，那应该要叫作《过去几千年不断有人在传授，但却总是没多少人愿意当作一回事的简单道理》。"不过这么长的书名，估计出版社无法接受。

吸引力法则并不新颖，古今中外、各宗各派都有它的身影；吸引力法则并不神秘，科学原理就是"同频共振，同类相吸"；吸引力法则并不复杂，只要"清楚的画面＋对应的感觉＋适当的行动"就可以心想事成！

看起来很简单，对吧？然而在我亲自实践这个看似简单的法则时，才发现它一点也不简单。原因是我们的脑袋里会经常不由自主地浮现一些"好声音"，例如：

"真的这样做就可以了吗？"

"哪有这么好的事？"

"万一没效怎么办？"

"我好像只是在自我安慰。"

"我是不是应该把时间拿去多做点有帮助的事，而不是只是坐着空想？"

……

更大的障碍，则是内心会产生与这些想法相对应的怀疑、担心、恐惧等情绪，而这些"无用能量"正是阻碍你心想事成的最大障碍。

更尴尬的是，宇宙中除了吸引力法则，还有很多定律跟吸引力法则完美地制衡与配合，你若连听都没听过这些定律，怎么能心想事成呢？

也许你已经听过、知道、认同吸引力法则，被它强大的无限可能性所吸引，但是不太知道怎么做；也许你已经尝试运用吸引力法则一段时间，却还没有得到预期的理想成果，你想知道还有哪些地方需要注意、调整与优化；也许你希望能透过更多的神奇见证，来强化自己的信心；也许你还有一些疑难杂症，但无处可问……

宇宙中没有偶然，你现在会阅读这本书，必定是因为这就是你在现阶段最需要的信息，这也是你吸引来的。

假如你在运用吸引力法则时遇到困难，查阅本书，你会找到答案；假如你的担心、怀疑、恐惧等情绪在高涨，难以静下心来，阅读这本书中的实例，你能明显地感觉到自己的振动频率的正面变化；假如你读到这本书中引起你共鸣的一切信息，都请你务必留心，因为那将是你突破现状、迈向下一个阶段的重要基石。

我虽然没有亲眼目睹 Grace 的成长经历，但是她从一开始对吸引力法则的懵懵懂懂到现在一次又一次的心想事成，我可是全程关注。

她认真、勤奋、好学，悟透了运用吸引力法则的精髓！

她感恩、付出、善良，所以宇宙加速实现了她的梦想！

Grace 把如何邂逅心想事成的人生毫无保留地分享在书里，她已经做到了，你肯定也可以！

祝福你借由本书，早日吸引到专属于你的幸福人生。

赖秋恺

2016 年 12 月 5 日

（赖秋恺，"A. S. K. A. 幸福人生实践宝典"八周函授课程教练，"九数生命能量学"传承者，著有《〈秘密〉的秘密》《你值得幸福》《照亮幸福的坦途》等书。）

自 序
我们都是魔法师

此刻，已经是夜里 10 点半了，家人都已经进入梦乡，整个世界一片寂静。

4 月的蒙特利尔，花朵已经渐渐吐露芬芳，眼看就要春暖花开。今天，温度突然降到零下几度。下午，一场纷纷扬扬的大雪从天而降。天黑时分，房顶、山涧和树林很快披上白色外套。远远望去，圣约瑟夫大教堂顶上灯光闪烁的十字架上，泛着朦胧的光芒。

来这座城市整整三个月了，生活美好而充实：每天抬头都能看到蓝得犹如水晶的天空，偶尔几朵浮云优雅地飘过；可以随时吃到新鲜健康的蔬菜和水果；孩子在各种肤色组成的"联合国"班级里快乐地成长，语言能力飞速提高，每天都能感受到成长的喜悦；先生的工作也做得如鱼得水；身边到处都是友爱慈善的面孔。

很多时候，我感觉自己恍若在梦境里一般，内心时刻洋溢着淡淡的喜悦。因为如今，我终于做回了我自己，每天都做着最喜欢的事情：读书，写作，运营公众号，学习灵性成长课程，健身，和谈得来的朋友们交流。

曾几何时，在国内上班的时候，我每天脑子里除了客户和订单以外，空无一物。仿佛和机器人一般，浑身安装了无数的自动控制按钮，每天机械地上班、下班，盼着订单、发货、发工资和奖金、假期。

那时的我已经很久不读书、不思考、不写作了，屏蔽外贸以外的圈子，拒绝

1

成长，恐惧改变。业余时间，我喜欢在家里看无聊的影视剧和娱乐节目打发时间，跟朋友们一起都是吃喝玩乐。

直到有一天，我实在受不了自己，清晰记得当时脑子有一个强烈的声音说："Grace，你再不改变，这一生就废了！"我听到这个声音，简直被吓了一大跳。

我听从了内心的召唤，迈出了改变的第一步：2013 年年底，跟家人商量之后，我不顾上司的挽留，毅然辞掉了那份收入不错的工作。当时，那份工作已经做得相当稳定了，同事之间也相处得十分融洽，但我还是坚定地离开了。我只有一个念头，就想挑战一下：离开老板发工资的日子，看看我究竟可以活多久。

2014 年春暖花开的时节，靠着这个信念，我迈出了外贸创业的第一步。

创业初期，可谓困难重重，找产品和工厂，自己建网站，制作宣传册，从零开始发邮件开发新客户，那是一段特别难熬的日子，但我还是成功地活下来了。

命运有时候特别神奇，总会不断地引领你去你想去的地方。一个偶然的契机，我的一位大学同学给我推荐了朗达·拜恩的《秘密》这本书。时至今日，可以说《秘密》彻底改变了我的人生轨迹。

机缘巧合，2014 年秋天，我跟随中国台湾著名的吸引力法则导师赖秋恺先生系统学习吸引力法则。

如今，通过不断地学习和实践，我和秋恺老师"A. S. K. A. 幸福人生大家庭"的学员朋友们的人生都发生了巨大的变化，我们的生命都被心想事成包围着。

短短的两年多时间，我运用吸引力法则成功吸引到：

优质客户和订单

高频的朋友和圈子

家庭幸福美满

移居理想居住地加拿大

身心灵平衡发展

协助他人获得幸福的人生志业

　　所以，我非常期待能将自己和身边朋友们这些年来运用吸引力法则的感悟分享给大家，让所有朋友都能学会借助浩瀚宇宙的力量，活在心想事成的人生中。

　　上帝安排我们来到这个星球，每个人与生俱来都拥有一支神奇的魔法棒。只要你愿意用心找到它，生命一定会因此而闪亮！

张翔

2016 年 11 月 5 日

目　录

第一部分

遇见吸引力法则

梦，是一片蓝色海

【导读】有些人，走着走着就散了；有些梦，做着做着就淡了。而我，无疑是幸运的，因为儿时的美丽梦想终于照进了现实。那一刻，我深深体会到：只要你有梦，并且真的很想实现它，那么，宇宙一定会调集所有的资源来帮你！

每天清晨，天气晴朗的时候，我趴在窗前总能看到远远的圣劳伦斯河面上海天一色的风景：湛蓝的天空，飘逸的云朵，若隐若现的山脊，偶尔还有飞机划破长空留下的白色"尾巴"。

一切都宁静而美好，总让我的思绪不由得飞回到那些关于大海、关于梦想的流年岁月。

记得我很小的时候，从广播里听到一首家喻户晓的台湾民谣——《外婆的澎湖湾》："晚风轻拂澎湖湾，白浪逐沙滩，没有椰林醉斜阳，只是一片海蓝蓝，坐在门前的矮墙上一遍遍怀想，也是黄昏的沙滩上有着脚印两对半……"

那金黄的海滩，迷人的海浪、椰林、斜阳、矮墙、仙人掌，暖暖的薄暮中的余晖，还有演绎者潘邦安那带着磁性和温暖的声音，一直是我整个童年时代最奢华而又最淳朴的梦想，就像每个女孩都有一个白马王子梦一般。

出生在 20 世纪 80 年代初，生活在大别山脚下一个闭塞山村里的我，只知道外面的世界很遥远，远得就像一个模糊的梦。可是我确信它一定很精彩，一定有

3

我梦中幻想的家园：碧蓝的大海，洒满阳光的海滩，长满仙人掌的海滩。

于是，在我幼稚的文字里，有了许多关于大海的描述：飞翔的海鸥，写满心事的贝壳，被海浪冲洗洁白的礁石，壁岩上倔强生存的小草……一切，是那样的亦真亦幻。

可是，那个年代小学生的作文，大多是写实物观察、读后感之类的。关于蓝色大海的一切描述都被同学们认为是天方夜谭。我很感谢当时的语文老师，他面对同学们把我的作文当成范文的疑问，委婉地解释道："优秀的文章是可以幻想的。""优秀的文章""幻想"这类词语，对于当时刚上四年级的我来说十分新鲜，但我从此记住了这位老师善意的解释。

也就在那天，我暗自在心里埋下一颗梦想的种子：长大要当一位作家！

我幻想着有一天，可以坐在海滩边慵懒地晒太阳、写文章，日子无忧无虑！

此后，我很快便从无忧无虑的童年时代迈向当时看来长路漫漫的中学时代。我的青春，也便如杂草般地疯长。

面对无止境的考试和升学的压力，那些关于当作家、关于大海的梦想，也日渐被考入重点高中和重点大学的现实取代。

大学，我选择了当时十分热门的计算机专业。对于计算机专业，当时的我只知道它很流行，根本不明白对我这样一个整天满脑子幻想着蓝天白云的家伙意味着什么。结果，枯燥的编程和代码让我整个人彻底崩溃了，但我肩负着所有亲人的希冀和梦想，我必须要努力学习。

业余时间，我也试图努力参加各种文学社以丰富自己的内心世界，重温一下童年的美丽梦想，结果还是以担心影响专业学习而告终。就这样，我走完了四年无风无雨、无声无响的纯净时光。毕业典礼是在那场世人皆恐的 SARS（非典）事件过后举行的，据说我们是唯一一届不能人人有一件学士服随意拍照的毕业生（因为担心 SARS 传染）。

大学，就在留影、聚餐、挥泪告别的情景中远去，以至到了如今，我还时刻有种梦幻般的感觉呢！

　　毕业后的我如同一匹脱缰的野马，直奔我向往已久的上海（也许名字中有海的缘故，其实上海是没有海的）。我以为，从此我可以肆无忌惮地去寻找我的梦了。

　　我背着行囊，来到宽阔的上海街道上，7 月的骄阳让人感觉到万物皆生烟的味道，我的心中却溢满了对未来的无限憧憬。

　　走在夜幕降临的外滩观光隧道里，我想，这座城市灯火辉煌，总有一天，有一个窗口的温暖灯光是为我点亮的。

　　我努力地工作着，靠每月的薪水来养活自己。不敢轻易跳槽，不敢花钱旅行，更不敢做梦。尤其每当行走在茫茫的人海里，面对高楼大厦、车水马龙，我觉得自己只是这个城市里的一个匆忙过客，是一个被上帝遗忘的人，就像一只没有思想、没有安全感、没有梦想的木偶。

　　可是，每当夜色朦胧时，站在窗前看着城市的灯火，我心底那个关于作家的梦想，关于蓝色大海、沙滩、仙人掌的浪漫梦想又开始弥漫在心绪上空。

　　工作的压力，生活的重担，让我一度看不清未来的方向，更别提那些美丽的梦了。然而，命运总会眷顾那些有梦想的孩子。后来，我开始读书、写文章，报了英文学习班，结交了更多的朋友。通过自己不懈的奋斗，我终于在茫茫的都市里站稳了脚，工作做得越来越好，收入越来越高。老天在我状态最美好的时候，也为我送来了心仪的爱人。

　　日子一天天变得美好鲜活起来，那些埋藏心底的梦又开始在眼前浮现。有一天，我和心爱的人一起，终于踏上了三亚那片纯净美丽的海滩，那里跟我梦想中的一模一样：纯净松软的海滩，水晶般湛蓝的天空，迷人的椰林微风中翩然起舞，芭蕉硕大的叶子在阳光下愈发翠绿，蓝绿色的海水泛着晶莹的光芒……那一刻，我差点激动得哭了，终于明白：

　　老天其实一直都是很爱我的，因为它很早就为我埋下了梦想的种子，让我不致在红尘中迷失自己！

　　后来，我结婚、生子、创业、旅游，看过无数的海，有北方的，有南方的，但记忆始终停留在第一次看海的那份喜悦里，因为那就是我梦想中的蓝色大海。直到最近，看到家门口的蓝色"大海"，我那久违的作家梦又开始明亮起来！

宇宙真的很有趣，你想要的，她全部都会给你！

于是，在2016年明媚的春天里，我开始踏上了圆梦之旅。也许，我的文笔还很稚嫩；也许，我离真正的作家还有很长的路。可是，谁又能阻挡我心底那份对梦想的渴望和执着呢？

当我跟身边的朋友们发出邀约，帮新书《邂逅心想事成的人生》收集心想事成见证故事时，让我惊讶的是，短短一个月的时间，潮水般的奇迹故事朝我涌来，并且还吸引了几位很优秀的老师的关注和支持。我顿时感觉浑身充满了战斗力，写书这件事凝聚了无数人的心血和祝福。

有些人，走着走着就散了；有些梦，做着做着就淡了。而我，无疑是幸运的，因为儿时的美丽梦想终于照进了现实。那一刻，我深深体会到：只要你有梦，并且真的很想实现它，那么，宇宙一定会调集所有的资源来帮你！所以，追梦的途中，也许有坎坷，也许有煎熬，但只要我们努力坚持，就一定可以抵达梦想的彼岸。

于是，我又幻想：很快有一天，我可以带着自己的新书，躺在梦想的大海边，悠然地书写我下一个美丽的梦。

偶遇《秘密》

【导读】一路走来，随着对吸引力法则的深入理解和运用，我仿佛拥有了一支神奇的魔法棒，任由吸引力法则这股神秘的力量带我去任何想去的地方。

2014 年春天，经由朋友无意推荐，我接触了朗达·拜恩红遍全球的《秘密》一书和吸引力法则。

从第一遍读《秘密》开始，我就被其中所描述的理念深深吸引：

（1）吸引力法则是一种宇宙法则，跟万有引力一样客观存在。

（2）你的每个思想都是真实存在的东西，它们是一种力量。

（3）思想是具有磁性的，并且有关某种频率。当你思考时，那些思想就发送到宇宙中，并且把所有相同频率的同类事物吸引到你的生活中。

（4）你就像一座人体发射塔，用你的思想传送某种频率。如果你想要改变生命中的任何事，就借由改变你的思想来转换频率。

（5）我们现在的一切，都是过去思想的结果。

我从小到大接触的都是唯物主义，对思想能够创造实相，能发射频率这种理论真的是第一次听说，非常好奇是否有效。但看了书中那么多个行业领域的导师们都能把吸引力法则运用得炉火纯青，生活发生了积极的改变，瞬间被深深震撼了。

天性好奇使然，我决定把《秘密》中的"思想创造实相"的精髓尝试运用到生活中。第一次尝试跟宇宙下订单，神奇的事情很快发生了，我发现宇宙真的对我有求必应，第一次体验到吸引力法则的神奇魅力。运用吸引力法则，我把当时国外畅销的产品成功地打入国内市场，并且一夜之间火遍朋友圈，收获了无数的订单和同频共振的好朋友。

后来，机缘巧合，我结识了中国台湾著名的吸引力法则导师赖秋恺先生。交流过程中，我被他的学识和人品所折服，下定决心跟随秋恺老师认真学习和运用吸引力法则。在学习过程中，我如痴如醉地徜徉在浩瀚宇宙里。

一路走来，随着对吸引力法则的深入理解和运用，我仿佛拥有了一支神奇的魔法棒，任由吸引力法则这股神秘的力量带我去任何想去的地方。

小而美神器火遍朋友圈

【导读】吸引力法则告诉我们：你拥有改变一切的力量，因为选择思想和感受感觉的正是你自己。生活的同时，你也是在创造自己的宇宙！

随着对吸引力法则的兴趣愈发浓厚，我开始把《秘密》中的"思想创造实相"的精髓尝试运用到生活中。

2014 年，自媒体的浪潮在中国风起云涌，正走在创业路上的我，每天跟随秦刚老师等一群"自明星"在 QQ（即时通信软件）空间热血沸腾地写原创文章，吸引了无数朋友的关注。

当时，有一个问题一直萦绕在我的脑海：如何把我在国外畅销的一类小而美的创意产品成功打入国内市场？

2014 年 6 月，这款产品在国外销售已经非常火爆，订单源源不断。我敏锐地觉察到：国内或许也蕴藏着巨大的商机。

某天，我突发灵感，给身边一些非常时尚的小姑娘们送了一些，发现几乎没有人知道这是什么，更没人知道如何使用。同时，我又赠送给全国各地十几个朋友，当小礼物每人快递了七八个，同时给每个朋友写了一封亲笔信。结果，大家都非常喜欢。通过观看使用视频，大家知道了如何使用，就纷纷在微信朋友圈里展示，慢慢在朋友圈里面就扩散开来了。

当时，根据国外市场客户的反馈，加上对自己的产品质量和设计有百分之百的信心，我坚信一定会让国内的女孩子们爱不释手。

可是，短时间内如何能让产品的广告出现在所有目标客户的视线中呢？这时，我想到了《秘密》和吸引力法则，并斗胆跟宇宙下了人生的第一个订单：

> 宇宙啊，我拥有这么多款式新颖、精美实用的小而美产品，我想要你在最短的时间内把他们送达到全中国所有爱美的女生手里，如果有任何比这更好的方式，也恳请你帮我达成心愿！

根据《秘密》描述，跟宇宙下完订单之后，要保持全然相信的状态，时刻沉浸在愿望达成后的喜悦状态中，让自己处于美好的感觉中，并跟随灵感采取行动，其余的一切全然交给宇宙就好了。

下完订单之后，我经常满心欢喜地观想各种场景：美女们收到那些设计精美的产品后，充满了欣喜与激动，咖啡厅里、餐馆里随处可见这款产品。聚会时大家纷纷拿出自己最喜爱的款式一起拍照，有人竟然一手举着一款。那些画面恍若电影镜头一般清晰。

10 天之后，神奇的事情就发生了，在我免费送礼品的朋友里面，有一位叫放牛哥。当时，寄给他也是出于一种分享，因为我看他的创业日记有一个多月了，收获特别大。他每天晚上熬夜坚持写日记，很辛苦，我想他太太一定很支持他，想让她收到一个美丽的惊喜。

他看到产品的图片还没有收到实物时，就感觉这个东西很不错，非常适合在朋友圈里做情景营销，当时就写了一篇文章，提到了我的这个产品。

很快，朋友圈里就有几百个人来找我，要买这个产品。当时我手头的样品并不多，有一千多个吧，结果不到三天的时间，就被全部抢完了，几乎一夜之间火遍了朋友圈。随后，每天的订单源源不断，我每天不分昼夜地忙着接单发货。后来，产品的销售火爆吸引了自媒体圈内无数大咖的关注，2015 年年初的秦刚访谈更让销售达到了巅峰。

这是我第一次成功运用吸引力法则，几乎毫不费力地迅速打开了国内业务市场，不由沉浸在莫名的喜悦中。更让人惊讶的是，我下完订单观想的那些镜头全部真实上演了。下图是秋恺老师 2014 年夏天在四川黄庭禅聚会时照片，每人手上都举着一个产品，场面超级火爆。

　　吸引力法则告诉我们：你拥有改变一切的力量，因为选择思想和感受感觉的正是你自己。生活的同时，你也是在创造自己的宇宙！

　　这款产品的火爆销售，让我第一次体验到吸引力法则的神奇魔力。

　　于是，我下定决心要潜心研究吸引力法则，也由此踏上了一段充满梦幻的人生旅程。

寻找"秘密"社团

【导读】宇宙大人，请帮我找到一位吸引力法则领域的专业老师，并能加入《秘密》社团，和一群志趣相投的朋友一起系统学习吸引力法则吧，谢谢你，我爱你！

周六，风轻云淡，芳草萋萋。春天终于来到这座古老而美丽的城市。我和先生陪着宝宝爬皇家山，到了半山腰的马场，我们看到几匹黑马在那里安静地吃草。

来到栅栏边，仔细观察了一匹浑身毛发黝黑发亮非常健壮的公马，只见它整齐的鬃毛顺着头皮披散下来，乌黑明亮的大眼睛，长长的睫毛忽上忽下地扑闪着，真是一匹骏马。

它丝毫不因为我们的突然造访而有任何的惊慌，一直淡定自如地用长长的舌头娴熟地卷起地上的干草，然后用两边牙齿开始愉快地咀嚼，不时发出"哼哧哼哧"的喘气声。吃一会儿就抬头到栅栏边上的黑色塑料桶里咕嘟咕嘟地喝上几口清水。偶尔，摇摇鬃毛，甩甩长长的尾巴，赶走身上的蚊虫。

那一刻，我感觉到这些动物们真是时刻活在当下的。它们既不担心明天有没有吃的，也不关注身边有什么人围观，始终专注于吃自己的美食。那种不紧不慢、不急不躁的状态，让人的心情瞬间跟着宁静下来。

随后，我们来到了前面一片开满黄色花朵的绿地上，鲜花终于盛开了，蒙特利尔的春天也来了。

我和托马斯趴在地上，观察花朵的形状，闻花儿的香味，真是赏心悦目。

我问宝贝："托马斯，你觉得幸福吗？"

他歪着脑袋瞥了我一眼，顾左右而言他："妈妈，我觉得青草的味道好香啊！"

从他那张专注而清秀的小脸蛋上，我仿佛看到了幸福的模样。

观察完草地，他像一只快乐的小鹿蹦蹦跳跳地来到旁边的一个泛着新芽的大树底下，兴奋地大喊："爸爸，快看，这棵树发芽了！"

爸爸笑着说："是啊，春天来了！"

他思考了片刻说："我猜这棵树因为收集到了足够的阳光，所以才发芽呢！"

哇，听完这个整句话中"收集""阳光""发芽"这几个特别美的词语，特别欣慰，四岁小人儿的言语已然充满了诗情画意！

看着他跟爸爸玩得正欢，我抬起头，看到有几片大大的云朵浮在空中，阳光正好，晒在身上暖暖的。不如就在这片美丽的草坪上静坐一会儿吧，我闭上双眼盘坐在地上。

面朝太阳，能清晰地感觉到一束强光直射我的内心，从头顶进入身体的每一个角落，体内的细胞们仿佛瞬间都感受到了和煦的阳光。那种让光照入内心的感觉是如此美妙，如此的幸福而宁静。

思绪突然飞回到两年前，在上海一个特别美丽的公园里，夏日的午后，阳光灿烂，偶有清风拂面，宝宝和爸爸在绿草如茵的空地上追逐嬉闹。我在一棵大树脚下闭眼静坐，但脑子里全是订单、货款和各种杂乱的计划，根本静不下来。

当时，我正跟随国内自媒体圈子里的很多牛人每天打鸡血般地写创业日记，每天无论多忙，日记一定会在凌晨准时发布，几乎很少2点以前睡觉。

当时，无论外贸还是内贸，都可谓顺风顺水，无数的客户、订单和金钱向我涌来。

每天吃饭都拿着手机，不停地接单、收钱、发货，连给宝宝讲故事的时间都没有，就算难得有周末陪他们出来玩，满脑子依然被订单和利润占据着。

我曾经一度痛苦到了极点，创业真是条不归路！很显然，我比很多创业者幸运，至少我成功活了下来。但是，我内心为什么会如此痛苦呢？记得曾在日记中写道：

> 今天早晨出门上班，宝贝央求："妈妈别上班好吗？陪我玩好吗？"
>
> 我说："妈妈有好多事情要做呢！"
>
> 宝贝："妈妈的事情做完了对不对？"
>
> 最终，我答应午餐时给宝宝带画笔礼物才让我出门，他小小的身影趴在窗台上看着我离开，我感觉心里很酸，孩子整天和爷爷奶奶一起，太需要爸爸妈妈的陪伴了。

晚上我把这一幕描述给宝爸听，他说："亲爱的，你就陪他玩一天又怎样呢？"

我说："忙啊，一堆事情，一天不工作要落下很多任务啊！"

宝爸说："你最急的事情是什么？列出来立马去做，其余流程化，学会做减法，别把自己搞得太辛苦。"

很幸运的是，当时我已经接触到了《秘密》和吸引力法则。

我很明白：聚焦疲惫，只会吸引更多的劳累感觉，所以无论我多么疲惫，都要尽量保持乐观心情。

当时，除了如火如荼地创业以外，我付费加入了很多创业社群，和一群朝气勃勃的年轻人，聊得热血沸腾，我也经常给他们分享《秘密》和吸引力法则。

我发现这么好用的宇宙法则，身边了解的人竟然寥寥无几。当时还设想要是加入一个吸引力法则爱好者圈子，与一群同频的朋友一起学习提高该多好啊。

记得我曾无意识地在内心跟宇宙下了一个订单：

> 宇宙大人，请帮我找到一位吸引力法则领域的专业老师，并能加入《秘密》社团，和一群志趣相投的朋友一起系统学习吸引力法则吧，谢谢

你，我爱你！

很巧合的是，2014 年 7 月 3 日，我所在的一个创业群里进来一位神秘人物——《〈秘密〉的秘密》的作者、来自中国台湾的著名吸引力法则导师赖秋恺先生。

看到大家热火朝天地讨论吸引力法则，他也加入了聊天，我们聊得特别开心。大家都主动提出要去买秋恺老师的《〈秘密〉的秘密》这本书，因为据说这本书比原版的《秘密》更接地气儿，更容易上手学习。

结果，秋恺老师主动提出把自己仅存的 3 本签名书免费送给群里的同学，其中一个就是我。当时感觉简直太幸运了，看来吸引力法则真的无处不在。

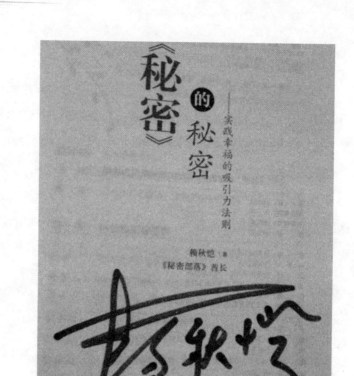

通过与秋恺老师的交流，并关注他博客和 QQ 空间的文章，发现他真是一个超级专注的人，因为从 2007 年以来，他几乎所有的文章都围绕着吸引力法则。

我意识到他对吸引力法则的理解和运用已经达到非常高的境界，欣喜不已，这不就是自己正在寻找的老师吗？所以，我下定决心跟随秋恺老师认真学习和运用吸引力法则。

宇宙又一次轻而易举地帮我达成了心愿，同时让我找到了吸引力法则爱好者的家园——"幸福人生大家庭"！

第一次吸引外贸订单

【导读】一旦目标设定，除了内心偶尔观想目标实现以后的喜悦外，最重要的是根据灵感付诸积极的行动，行动是开启吸引力法则的一把神奇钥匙。同时，全然放手交给宇宙，顺其自然，静待梦想成真。

由于之前我一直专注于做外贸的缘故，经常收到做外贸朋友的留言：很好奇你做外贸，为啥要乐此不疲地研究吸引力法则？这对做业务有任何帮助吗？若有的话，能否给我们分享你具体如何吸引订单的呢？

我非常能体会做外贸销售的心情，我们所有的努力都朝着一个方向：订单和业绩，因为这关系着我们的工作能力，以及到手的奖金和提成，所以，丝毫不敢懈怠。

我们整天忙着更新各大平台产品页面，疯狂地发开发信，不停地报价，加班加点，从不错过任何一个争取订单的机会。很多时候，心力交瘁，甚至想放弃，但看到同事或者朋友做得风生水起，我们有什么理由不坚持下去呢？这些煎熬，我都曾深深体会过，所以一直在寻找更好的出路。直到接触了《秘密》和吸引力法则，我仿佛给自己打开了另外一扇窗。

接触吸引力法则的这两年里，我的收获特别大，整个人的精神状态比以往更好，屏蔽了很多负能量，外界的纷扰很难再打乱我的内心。同时，2014—2015 年我在国内的创业也进展得非常顺利，原本专注外贸市场的我却无心插柳地打开了国内市场的大门，结识了无数充满正能量的朋友。这是过去未曾经历过的体验，这一切都源自《秘密》和吸引力法则带给我的巨大力量。

根据吸引力法则，只要我们的思想长期专注于自己想要的事物上，并根据灵感付诸行动，顺应宇宙安排，梦想都会有实现的机会。

要吸引金钱，你必须专注在富裕上。如果你一直专注于不足，就不可能为生命带来更多的金钱，因为这意味着你有匮乏的思想专注在金钱不足的方面。任何人没有足够金钱的唯一原因，就是他们的思想阻碍了金钱朝他们而来。

一切负面的思想、感觉或者情绪，都会阻碍美好的事物朝你而来，包括金钱。并不是宇宙让你和金钱无缘，因为你所需要的金钱，此刻就存在于无形之中。如果你现在有所不足，那是因为你用自己的思想，阻碍了金钱流向你。你必须在思想的天平上，从缺钱的那一端转向财富有余的另一端。

对于外贸业务员而言，订单越多，就意味着我们的奖金和提成会源源不断。我想既然吸引力法则客观存在，那用来吸引外贸订单应该也不错吧！

我有个客户是一家非常专业的公司，他们的订单一直非常多，但有一年夏季订单不太理想，暑假快过完的时候，我脑海中有一个念头：这个客户很快会有一个 2 万美元的订单过来，我也不知道这个数字是如何蹦出来的，不是 1 万美元，也不是 5 万美元，反正就非常坚信会有这么一笔订单，甚至客户要下单的产品款式都在脑海中闪现出来了，没有丝毫的怀疑。

有了这个念头之后，我就给客户发邮件、问候、推荐新款、介绍别的客户的热销款等。发了好几封邮件，客户一直没有回音。但是我并不是十分着急，因为我一直坚信他们在读我的邮件，并且在规划销售策略。

结果，两周过去，客户突然来信了，说现在销售旺季来了，库存都快耗光了，有一个客户下了订单，他也要备货了，计划在 9 月给我下一个订单，让我等着。

我心中一阵窃喜，订单至少有眉目了，那一刻我仍然坚信订单是 2 万美元，虽然他没透露任何订单细节。

让我惊喜的是，9 月中旬，一个周六的晚上，我半夜醒来习惯性地收国外邮件，发现客户的订单就悄悄躺在邮箱里。我迷迷糊糊地看了下总金额，大概是 19874 美元，跟我设想的就差了 100 多美元，而这个客户一直走 C&F（成本＋运费的外贸条款），加上运费，整个订单远远超过 2 万美元。

我不禁感慨：吸引力法则太强大了，让我心中充满了无限的感恩，感谢客户支持我的业务，更感谢宇宙让财富之流涌向我。

更大的惊喜是，这个订单刚安排生产，客户说发觉数量不够多，又追加了 5000 美元的订单，真的是太意外了。我已经收获了心仪的订单，这会儿宇宙又给我送来了额外的欣喜！

这是第一次运用吸引力法则成功吸引到外贸订单，虽然金额只有 2 万多美元，但给了我很大的信心和力量，给大家分享一下心得。

第一，相信目标。虽然宇宙会响应所有的梦想，我们可以下任何订单，但是你若自己内心都不相信，宇宙也没法帮你实现，因为宇宙响应的永远是你内心真实的感觉。

第二，视觉化。视觉化是吸引力法则实现梦想最强效的方法，比如我整个过程一直在设想客户会下哪些款式的订单，大概数量有多少，甚至把每个型号的颜色、数量都设想好了，并且充满欣喜地相信这个订单一定会来的，结果它以比我想象的更快的速度奔向我。

第三，积极行动。一旦目标设定，除了内心偶尔观想目标实现以后的喜悦外，最重要的是根据灵感付诸积极的行动，行动是开启吸引力法则的一把神奇钥匙。同时，全然放手交给宇宙，顺其自然，静待梦想成真。

比如我设想好得到这个客户的订单后，我要积极主动地和他联系，推广新款，提供有用的资讯，这些都促成了订单的快速到来。

A. S. K. A.：一场华丽的内心盛宴

【导读】对一个不懂得向内求的人而言，所有外在的努力和诉求永远是徒劳
无功的！即使暂时取得多么辉煌的成绩，赚了很多钱，从永恒内在
旅程而言，也永远是失败的，因为他/她所有的快乐都依赖外在的
人、事和物，而非内心的宁静和喜悦。

2014 年秋天，我正式跟随秋恺老师踏上了"A. S. K. A 幸福人生实践宝典"
（秋恺老师的吸引力法则网络函授课程名称）的旅途。那时还没有学习小组，主
要靠业余自学，然后遇到问题在 QQ 学习群里大家一起讨论。特别渴望改变现状
的我，每天无论多忙碌，中午时都会雷打不动地抽出一个小时学习课程，听录
音，做练习。

第一周：梦想，起飞！——向宇宙下订单

在学习 A. S. K. A. 课程之前，我也曾经运用吸引力成功吸引到一些东西，但
是看到下订单环节之"你想要什么"这个超级提醒的时候，我还是着实被吓了一
跳，感觉老师就在面前，仿佛看透了我的内心。

当我看到"假如你是神，你想要什么？什么都可以要"时，心底立马冒出来
无数个小声音在说：怎么可能呀？开玩笑吧？

但是，我依然选择了相信，既然《秘密》中那么多导师都运用吸引力法则获得巨大的成功，秋恺老师也都亲身验证过，从负债百万到拥有令人羡慕的人生志业，我有啥不可以相信的？听话照做，是最快的学习方式。即便不能成功，也没啥损失，万一梦想实现了呢？

于是，打消了内心的各种疑惑，我放心大胆下了各种天马行空的订单，比如：

跟随秋恺老师潜心学习吸引力法则，达到心想事成的境界。

理想居住地：加拿大维多利亚（当时关注自明星秦刚老师的朋友圈，每天都能看到维多利亚美丽的风景，非常向往）。

最想做的事情：写一本关于吸引力法则奇迹见证的书。

最想旅游的地方：浪漫的巴黎、迷人的希腊爱琴海等。

每天都可以悠然地看书、听音乐、看电影、跟朋友聊天、写文章。

还有很多订单，多得让我觉得自己仿佛变成了一位神奇的魔法师，我想要的一切，都在掌控之中。那时，我深深体会到以前高中作文中最常写的一句话：心有多大，舞台就有多大！

热血沸腾地下完订单之后，工作和生活依然照旧进行。

第二周：火力，全开！——为梦想踩紧油门

第一周下好了订单，相当于写好了剧本，这周就当导演，让那些镜头全部上演起来，火力全开，为梦想踩紧油门。其中加速梦想实现两个最有效的方法就是：观想和感恩。

何谓观想呢？观想就是强力专注于自己想要的事物和画面，从而向宇宙散发出强烈的思想频率。吸引力法则会捕捉到这个信号，从而将你心中所想的一模一样的画面传送回来给你。观想之所以如此有效力，最根本的原因是在你的内心创造了一个已然拥有那些美好事物的思想和感觉。重点的部分不在于画面，而在于

感觉。最理想的状态是观想画面很具体，感觉也很好。

刚开始观想还真有点不习惯，尤其心中还有很多质疑的小声音挥之不去，但课程中老师提醒后面的章节会有解决方案，所以暂且不管它。

后来，进行到感恩练习的环节。当时课程录音中，秋恺老师说："我这为期两个月的函授课程，即使你什么也没学会，光学会感恩这一条，就足以扭转你的命运！"于是，我开始每天风雨无阻地写感恩日记。

因为我知道：感恩是世界上最高的振动频率。对生命中发生的任何事情都保持感恩的心，甚至一切不那么美好的人和事，一定会吸引到更多美好的人和事。很神奇的是：随着感恩日记的进行，我内心发生了巧妙的变化。

虽然创业依然压力重重，但我渐渐变得不那么浮躁不安，开始尝试换角度思考问题，感恩生命所有的人和事情，无论好坏，都相信他们的到来自然有宇宙的安排，并且相信他们都是来祝福我、帮助我成长的。

针对日益忙碌的生活，我也尝试做了一些调整，比如将工作和生活分开，坚持早睡早起，陪伴孩子的时候全心投入。我还给自己买了很多跟灵性成长相关的书籍，一口气读完了张德芬老师的《遇见未知的自己》等整个系列的书。在此之前的我，仿佛置身于一个黑暗的无底深渊，但此刻的我，内心渐渐看到一丝微弱的光。

第三周：清理，敲击！——释放压力，豁然平静

前两周，老师让我们握紧方向盘，踩紧油门，火力全开，跟宇宙下了许多梦里都会笑醒的订单，让人深深沉浸在美丽的梦幻中。可是，一旦回到现实，我相信很多人脑子里一定充斥着各种"好声音"：

简直不可相信，这怎么可能啊？

你一个月才这么点收入，年入百万可能吗？

你从来没写过书，能写出来吗？

这么豪华的别墅，怎么可能被你吸引来呢？

你想用如此苛刻的条件找爱人，劝你还是算了吧！

……

我脑海里也有各种质疑，比如移居海外这个订单，当时想的是：没有千万资产恐怕基本没可能吧。按照我和先生当时的情况，保守估计至少要奋斗 5 ~ 8 年，前提是投资和创业收入都很稳定的条件下才有可能实现。

所以，这周的清理课程无疑给我下了一场及时雨，我学会了允许"好声音"的存在；接纳它，而不是抗拒它；告诉它：我很好，请不必担心；通过夏威夷疗法（一种古老的情绪清理方法）进行清理，释放掉所有引起不好感觉的能量。

同时，每次下订单时，我还会特别加上一句：恳请宇宙以最好的方式帮我实现，这句话会让我释放掉限制性的思维阻力。比如要移居国外，难道一定要辛苦奋斗多少年才可以吗？宇宙也许有更好的方法也说不准呢？然后沿着梦想的轨迹，轻松前行。

其中，夏威夷疗法的零极限四句箴言："对不起""请原谅我""谢谢你""我爱你"有着神奇的魔力。

我有过很多次奇迹般的经历，比如让从不午睡的宝宝安静地睡午觉，让窗外的吵架声很快消失，手机微信丢失的数据很快就找回来，等等。

这个方法可以运用在任何你感觉情绪不好或者外面的人和事物不如己意的时候，对着胸口那股闷闷的感觉说出来（夏威夷疗法创始人修·蓝博士说对着内在的神性说）。

这个清理方法并不是为了得到什么结果，而是让你很快平静下来，这样你往往很容易第一时间得到想要的结果。

第四周：心灵，净化！——静坐冥想，灵光乍现

随着课程学习的进行，我发现身心灵都有了微妙的变化。

记得秋恺老师给我们推荐了养气六招：打坐、站桩、规律作息、保持好心情、健康饮食、坚持户外运动，更是给每天创业忙得天昏地暗的我带来了一把打开健康之门的神奇钥匙。

通过不断地清理自己的内在，如静坐、冥想和运动等，我的内心变得越来越宁静。我从一个只追求外在结果、一切以业绩为导向的疯狂创业者，变成了一个开始寻求内在力量的快乐践行者。

我惊喜地发现，人的内在有着源源不断的能量可以连接到更高的宇宙力量，这种神奇的力量远远超越外在的任何努力，我为此而开心不已。

此时，A. S. K. A. 函授课程进行了一半。从此我正式开始了一场内心的华丽盛宴。

第五周：微小，巨大！——吸引力法则也有蝴蝶效应

秋恺老师说："很多人，汲汲营营一生追逐名利，却只重一己之私。罔顾他人的权益，甚至做出违法犯纪的行为，殊不知，这种匮乏的心态，只会将幸福弹得远远的。如果聚焦在为他人创造价值，那么金钱和其他所有的美好能量自然会随之而来。"他为我们揭示了一个宇宙的秘密：边际效应。

尽管我们无法知晓宇宙如何掌控边际效应的结果，但是做事情之前我们的起心动念却是可以掌控的。换言之，就是做任何事情之前，我们要认真检视自己的起心动念是否符合利己、利他、利灵魂这三个原则。

以追求金钱为例，若想真正获得大量的金钱，终极的秘密就是：别想赚钱，将赚钱这档子事放在边际效应里显化。你的焦点应该放在如何为他人创造更多价值，并让价值最大化上。

只要你确保自己的起心动念符合利己、利他、利灵魂这三个原则，也确保你流通出去的能量是良善的，好的能量就一定会在机缘成熟时回流。金钱只是好的能量的一小部分，你将得到全方位的喜悦。

老师提出的起心动念，无论对我的日常生活还是业务销售，都有非常大的帮助。当时，我有一款产品在国内正卖得非常火爆，但是有一点特别头疼，就是每次客户下单我都要花时间计算全国各地的运费，费时费力。我当即做出改变，国内所有订单全部包邮，无论大小。我当时是这么考虑的：

利己：包邮节省计算烦琐运费的时间，可以利用这些时间去开发更多的客户，创造更大的价值。

利他：让客户采购时，节省了实实在在的真金白银。

利灵魂：不求回报的让利，让客户充满感恩之情，我自己内心也溢满喜悦。

表面看来，我每月至少要损失几千元的运费，但是结果却远远超乎我的想象：几乎所有的新老客户听说包邮后，都纷纷增加了采购数量，当月销售业绩至少增加了50%，连新疆、内蒙古等一直纠结运费的客户都来下单了。

所以，我不但根本没有任何损失，反而增加了收入，真是个三赢的局面。

后来，我意识到"利己、利他、利灵魂"确实是个强大的武器，也是一个非常好的行为准则，我一直坚持把它运用到生活的方方面面。

第六周：下流，上流！——能量交流的秘密

这一周有关"丰盛交换"的学习让我了解到宇宙的丰盛富足，从而认真检视自己对金钱、物质的限制性观念。吸引力法则强调的是同频共振、同质相吸。如果我们花钱的时候，总是感觉物品太贵，自己不值得买这么贵重的物品，钱花出去就很难赚回来了。这样我们跟宇宙散发的都是匮乏的信号，相反，我们若能让金钱欢天喜地地去给自己和他人带来欢乐和喜悦的感觉，那么，吸引力法则一定会将更多丰盛美好的人和事物吸引到你的生命中。

生活中做到丰盛交换其实很简单，只要你内心始终想着为对方多做一点就够了，可以是一句真诚的赞美，一个会心的微笑，一个温暖的拥抱，埋单时让对方不要找零，介绍人脉，共享资源，等等。

这样，你的所有善意举动都相当于为自己的灵性银行存入了更多的善良、智慧、金钱等所有美好的事物，总有一天，它们都会加倍回流到你的身上的。

丰盛交换带给我的美好显化超乎想象，比如我习惯给那些带给我感动或提供价值的人发红包，金额随喜，原则是尽量越多越好，给对方最大的惊喜。然而，每当我做这些不经意的举动时，金钱都源源不断地涌向我。

有一天晚上，我在朋友圈看到一位朋友发布了一个儿童教育的公益活动，缺少资金支持，我带着满满的爱给她转了一笔钱。很神奇的是，睡觉前我竟然收到一笔金额完全一样的被动收入，这还没完，接着有好几个朋友给我发来了大红包。我惊喜极了，宇宙如此爱我，我就乖乖接纳吧。

还有接下来学习的补偿法则，也让我深刻意识到：贪占小便宜，习惯用免费的东西、从不埋单是多么糟糕的习惯。秋恺老师用自己年轻时卖盗版光盘遭遇撞车的故事告诉我们，一定要敬畏宇宙法则，否则迟早都会栽跟头。

我学会了为价值埋单，任何时候都提醒自己不要为蝇头小利让灵魂蒙尘。我发现这场内心的盛宴越来越精彩，越来越美味。外在的表现就是高能量的朋友越来越多，业务越来越好，工作和生活也能兼顾平衡发展。

第七周：外在，内在！——稳定振频的关键所在

这周的主题是内外一致，也让我收获满满。

很多时候，我们满心欢喜地下完订单，却迟迟看不到想要的结果。这时，一定要好好检视自己的内心。比如我曾下订单想要一幢面朝大海、春暖花开的别墅，但我的内心却一直觉得自己不配拥有那么豪华的房子，再说房间那么大，打扫多困难，花园多么难打理啊，况且别墅一般在郊区，上学和上班都不方便。

如果以这种内心状态回应宇宙，我敢保证百分之百实现不了。因为宇宙回应的不是订单和愿景板上多么华丽的文字和图片，而只关注我们内心的真实感受和振动频率。所以，很多时候，耐心检视一下自己的内心，就知道订单是否在显化

的路上了。

第八周：解脱，超脱！——灵性成长的最终归途

课程最后一周的主题是情绪解脱，其中观想和黄庭禅让我们找到了灵性成长的最终归途。

我学会将自己的身体看成太虚，不与内心的任何一种感受和情绪为伍，不评判，不攀附。身为凡夫俗子，我们的生活中总是难免有各种烦恼和纠结，但我曾看到一句话，颠覆了自己多年的信念："我们95%的苦都是白受的！真正让我们受苦的永远不是外在的事情，而是我们的念头和情绪。"

转念，观照自己的思想，并检验它们的真实性，痛苦都源自你对事情的解释。痛苦是你创造出来的，是你对事情的解释造成了痛苦。所以不同的信念和想法造成了不同的结果。

在每个负面情绪的后面，都有一个支撑它的思想。因为情绪是身体被我们思想刺激后而产生的反应。所以，如果老老实实在每个当下看看自己的所有妄念，忍痛去体验身体因情绪而引起的不适，这样才能慢慢放下，才会成长。

苦已经受了，如果没有得到成长，那就太亏了，痛苦是成长最好的肥料。感谢老天不断造就我，让我一层层地脱落自己虚假的外壳，那些不是我的东西！

完美蜕变

2015年这场内心的华丽盛宴给我的生活带来了质的飞跃，让我从此踏上心想事成的全新旅程。

春节过后，我突然对之前最感兴趣的所谓外贸销售技巧、成交秘籍等，不再有丝毫兴趣了。通过对A.S.K.A.课程学习，我终于明白：对一个不懂得向内求的人而言，所有外在的努力和诉求永远是徒劳无功的。即使暂时取得多么辉煌的

成绩，赚了很多钱，从永恒内在旅程而言，也永远是失败的，因为他所有的快乐都依赖外在的人、事和物，而非内心的宁静和喜悦。

我逐渐尝试放慢脚步，享受生命里的一切，专注于提升自己的能量，观察自己的此刻思想，呼吸，冥想等；不断阅读灵性成长的书籍，开始写感悟和分享。无论外在生活发生什么，都可以逐渐变得处乱不惊，并且不时有喜悦的感觉，这大概就是内在空间增大、内在力量变强的结果吧。

最重要的是，我特别享受这种慢生活的感觉，不再沉湎于过去，也不再寄希望于遥远的未来，不是等我有足够的钱和时间，就可以怡然自得过理想的生活，而是在此刻我就做回我自己，过着自己真心享受的生活，平淡却充满喜悦。

当我将自己的内心安顿得越来越好的时候，宇宙就不断给我送来惊天大礼：2015 年 1 月，我得到一个举家移居加拿大的机会。

我跟宇宙下订单还不到半年，就接到先生上海公司将他调往加拿大蒙特利尔分公司的好消息，宇宙用更快更好的办法帮我心想事成了：工作派遣，不需要大笔的投资，过去立马可以上班，不影响我们的生活质量；可以带家属，这样全家可以一起生活。

我下单是三到五年，宇宙用了不到三个月的时间就帮我实现了。我希望的是加拿大维多利亚，结果是北美最浪漫的城市蒙特利尔，超级惊喜。以我当时的思维，是无论如何也想不到宇宙会做出这样精彩绝妙的安排。

2015 年是我工作之后最为放松的一年，去了很多地方，看了无数的风景。吸引了很多高质量的朋友和足够的财富，生活中，我每天被心想事成包围着。

2016 年，顺利移居蒙特利尔后，开始全职运营我的"吸引力法则的魔法见证"公众号，每天坚持写原创文章，生活又恢复到当年创业时的忙碌状态。但这一次，我做的是自己真正喜欢的事情，每天都充满喜悦。

2016 年 3 月中旬，秋恺老师通知大家可以报名参加 A. S. K. A. 小组抱团学习。特别神奇的是，这次全新的学习之旅，让我两年前无意许下的愿望——写一本吸引力法则奇迹见证的书——很快变成了现实。

年初，我突发奇想，和好友一一约定今年要出版各自人生的第一本书。宇宙真的很给力，你想要什么，它就给你什么。巧合的是，3 月底，在朋友圈看到一则出书训练营的招募文章。

在写书的过程中，我只是偶尔会观想一下新书捧在手中时淡淡的墨香、优雅的封面、精致的排版等，大多时间都是用心地写作。

5 月 1 日，我花了几个小时，写了一篇新书招募天使赞助人的文章，结果短短三天内，吸引了 50 多位铁杆朋友的支持和赞助。截至目前，圆梦天使团的人数已超过 100 人，总金额超过 5 万元。那一刻，我清楚地知道自己出书的梦想一定可以实现了。宇宙真的对我有求必应啊，心想事成的感觉真的太美妙了。

后来，我无意中翻出两年前的订单：写一部关于吸引法则奇迹见证的书，让更多人正确运用吸引力法则，过上量身定做的幸福人生。我惊喜不已，坦白地说写书这个订单除了当时观想过，我竟然一丁点儿印象都没有了。

我突然想起秋恺老师的《你在观想，还是幻想?》这篇文章中的一段话。关于观想，还有一个少数人才知道的秘密："你并不一定要一直想着你要的东西它才会来，你只要开开心心地观想一次，并保持已然拥有的美好感觉，不创造与之抗衡的想法或感受，就可以了。你想要的一切，就在你愿望升起的那一瞬间，宇宙就已经在无形世界为你准备好了。只要你后续没有去聚焦与之抗衡的想法和感受，心想事成就会在无阻力的状态之下完成。"

读到这里，有句话在我内心回荡：一心向着目标前进的人，全世界都会给你让路。

在这场内心的华丽盛宴中，我学会了跟宇宙下订单，清理内心负面思想，保持良好的起心动念，丰盛交换和内外一致，我也学会了敞开自己。如今的我，每天都活在从未有过的宁静和喜悦中，每个美丽的清晨醒来，内心都充满了希望。

宇宙似乎真的在回应我，我想要的一切，它都以非常惊人的速度显化到我的生命体验中来，财富和贵人从四面八方向我涌来，我被一种前所未有的幸福包围着。短短的两年内，我通过潜心学习"A. S. K. A. 幸福人生实践宝典"函授课程，整个人生发生了天翻地覆的转变，成功吸引到自己梦想的财富、人生志业、亲密关系等。

如今的我，活在自己最喜欢的人生版本中！深深感恩秋恺老师和幸福人生大家庭里所有的朋友们。

在本书吸引力法则的魔法见证部分，我会将这两年自己和秋恺老师学员群里朋友们运用吸引力法则心想事成的精彩故事给读者们——分享出来，期待能给大家带来启发和收获。

祝福所有朋友都活在心想事成的人生中！

第二部分

魔法见证

花些时间，触碰你的梦

分享者：Grace

微信：sh2745785547

【导读】每一段人生经历都是一笔宝贵的财富，都是你由木炭变成钻石的助
　　　　燃剂。无论你现在从事什么工作，有何种学历，住在什么国度，只
　　　　要你心存梦想，永不退缩，你终究会有震撼世界的那一天。

梦想，在这个竞争残酷的时代里，无异于昂贵的奢侈品，因为在我们的概念
中，那是有钱有闲的成功人士才配拥有的，是出生就含着金钥匙的富二代、官二
代们才有资格追求的。

假如你从小是一个格外调皮的孩子，表现得跟别的孩子不一样：你喜欢偷偷
读言情小说，喜欢在课堂上大声喧哗，喜欢给女孩子写情书，喜欢搞发明创造，
喜欢天马行空地谈你的梦想。那么，我保准90%的家长和老师都会充满担心地警
告你：傻孩子，我劝你还是把精力用在学习上吧，别整天不干正事；学习不好，
将来就找不到一份好工作，也找不到好老婆，家庭也会很不幸福。

你看，我们的家庭和教育给孩子灌输了多么负面的信念，活生生扼杀了多少
纯真美好的梦，我们被主流的价值观锻造成了一模一样的机器人。男生呢，找份

高薪的工作，娶妻生子，赚钱养家，或攒一笔钱咬紧牙关开始天昏地暗的创业生涯；女生呢，毕业后努力找一个有房有车有存款的对象，这辈子就已经成功大半了。如果这时候你跟大家谈论梦想，我敢说一定有人认为你疯了。

记得马云先生的阿里帝国在美国上市时，他那句关于梦想的句子，几乎一夜之间红遍了朋友圈："梦想还是要有的，万一实现了呢！"

当时，这句话对我的触动特别大，可以说是离开校园之后第一次认真思考自己的梦想。

那时，我正在国内如火如荼地忙着创业，每天激情飞扬地写文章，如机器人一般每天接单、发货、收钱，根本没有时间休息，没有时间陪伴家人，没有时间聆听自己的内心，当时唯一可以刺激我神经的就是订单和利润。

两年后的今天，我和朋友们提起那段经历，有些心疼当年的自己。有位朋友和我说："如果没有那段时间的历练，也不会成就你今天淡定平和的心态。"对此，我深表赞同。因为，每一段人生经历都是一笔宝贵的财富，都是由木炭变成钻石的助燃剂，所以我对那段痛苦的经历依然心存感恩，感恩那段时间给我下单的客户，感恩宽容理解我的家人，感恩每天正能量满满的自己。

也正是那些让我神经绷到极限的日子，让我开始踏上寻求内在力量的旅程。2015 年，我开始尝试放慢脚步，静心思考人生的更多可能性，那个叫作"梦想"的种子又开始在心底泛出新芽。

某个不经意的午后，我欣喜地发现自己从小到大受过赞美最多的就是我的文章，加上这两年学习吸引力法则，发生了很多让我惊喜的事情。我突然就有了灵感：将"写作"和"吸引力法则"这两个联系最紧密的点高度结合起来，那就是做吸引力法则见证故事的公众号。

事实证明，这半年多心怀梦想的奋斗经历，让我的人生越来越幸运，奇迹般的故事不断上演。4 月，我踏上了写书的圆梦之旅，因为当作家是我儿时最美的梦。当一篇篇用心撰写的文章出现在朋友圈以后，我的微信后台收到了无数朋友的打赏、赞美、鼓励和支持。有朋友告诉我："你的人生使命也许就是通过写文章温暖他人吧！"因为写作，很多年没有联系的朋友找到我，向我表达鼓励和支持。家人和朋友因为我的文字而改变，并充满了感恩之情。妈妈听到姐姐给她读我写的那两篇关于她和去世多年的爸爸的文章时，感动得潸然泪下。她说："写得很感人，所有的故事细节都是真实的！"

写书的同时，我还发现自己对文化传播、公益、环保和儿童教育也充满兴趣。

记得第一次被奥黛丽·赫本深深吸引，就是因为这段话："要想拥有吸引人的双唇，请说善意的言语；要拥有美丽的眼睛，请寻找他人的优点；要想拥有纤细的身材，请与饥饿的人分享你的食物；要拥有亮丽的头发，请让小孩子每日触摸你的头发；要想拥有自信的态度，请学习你不曾学过的知识。"除了她年轻时无数经典影视作品和奥斯卡女主角身份外，我更感兴趣的是：奥黛丽·赫本晚年时投身慈善事业，是联合国儿童基金会亲善大使的代表人物，为第三世界的妇女与孩童争取权益。

因此，我默默跟宇宙许下愿望：

1. 我要做一个像奥黛丽·赫本一样，投身慈善事业，为联合国儿童基金会服务的人。

2. 我要写一本关于蒙特利尔深度报道的书，并努力学好法语，争取成为这座城市和中国友谊交流的桥梁。

当我像个孩子一样把这些梦想告诉先生时，原本等着他的戏谑话语，没想到他竟然微笑着说："亲爱的，我看你没有什么梦想是实现不了的。"从小到大，我一直被身边人意味深长地教育说："你啊，天生就是一个盲目乐观的家伙，在你眼里，没有坏人，也没有什么事做不成……"此时，我却发现正是因为一直以来的积极乐观的心态，才让我有勇气跨出追梦途中的第一步！

《创造金钱》里有这样一段很棒的话："有些人说：'我要先做这个工作，直到我有钱了再去做我想做的事。'然而，他们常常没有得到他们认为需要的钱，而把他们的一生花在做不喜欢的工作上。"

直接去做你想做的事，做喜欢的事会让你生活好过得多，金钱也会因此而来，而且通常是更庞大的金额。如果你想环游世界，你可以从做规划旅游的工作开始，如航空公司或旅行社。

找到你的人生志业，它让你轻而易举地创造金钱与丰盛，属于人生志业的工作或活动能让你把时间和能量用在做你喜欢的事情上，如果你爱你所做的事情，你就会感觉到活力、快乐和充实，你散发的喜悦将会为你吸引更多好事。

你可以通过做不喜欢的事来赚钱，但是它会耗费你更多的努力，把时间和能量用来做你不喜欢的事情，会削减你的丰盛能量流，做你喜欢的事情则会轻松而省力地带给你丰盛。

所以，无论你现在从事什么工作，有何种学历，住在什么国度，只要你心存梦想，永不退缩，你终究会有震撼世界的那一天。

英国达人秀曾来过两位其貌不扬、平凡无奇的小人物，他们的坚持和执着带给世界无尽的感动。

一位是保罗·珀特斯，他原本是英国一家手机店的普通销售员，但数年来如一日的克服重重困难坚持唱歌剧，最终在那个绚丽的舞台上，他勇敢展示了自己的才华，凡人变成了传奇。

另一位是苏珊大妈，当身材臃肿、长相丑陋的她站上舞台说想要成为专业歌手时，台下嘲笑声不断，结果她一开口，所有的鄙夷瞬间变成倾慕和掌声。

他们向世人证明：小人物，也可以有了不起的梦想。

因此，每一位为生活奔波而苦不堪言的朋友，不妨花点时间，好好地触碰一下你的梦想，仔细回忆儿时最让你心动的那些画面：夏日清晨，家门口树叶上那只翅膀沾满露珠的蜻蜓；你的画作第一次被人当众夸奖的感觉；你充满创意的玩具被同伴们羡慕的眼神；第一次英语演讲，台下发出的阵阵掌声；大学时第一次参加长跑比赛获奖的喜悦。这些让你充满欣喜而又有趣的事情上，很可能蕴藏着你真正的梦想和人生志业。

如果你不去采取行动，不给自己梦想一个实践的机会，你永远没有见证奇迹的那一天。因为，只要你愿意，每个人都可以开启梦想的开关，踏上追求人生志业的旅程。

不妨花点时间，触碰梦想，可好？

Grace 点评：拥有梦想是一件非常美好的事情，尤其当你全力以赴为梦想付出时，宇宙会调集所有的相关资源来助你达成心愿。当其貌不扬的苏珊大妈和毫不起眼的保罗站在绚丽的舞台上时，他们瞬间由丑小鸭蜕变成了最耀眼的明星，光芒四射。而这与他们台下多年的默默付出和对梦想的执着息息相关。正可谓，一心向着目标前进的人，全世界都会给他让路。

追梦女孩：只要你敢要，宇宙就敢给

分享者：汐汐

微信：Inner – peace_Cc

【导读】每当旅途中遇到这样难以忘怀的美景时，我总是在想宇宙是如此的
丰盛，大自然是如此的仁慈，他们不分权势、地位或是金钱，呈现
给每一个人的风景都是一样的，我们眼里看到的没有分别，有分别
的是看风景的人心。

在我 20 周岁生日那天，我在纸上写下三个愿望放在愿望瓶里，埋在了公园的
一棵参天大树下。其中的两个愿望我早已不记得，唯独有一个，至今铭记于心：
我要在 30 岁之前，出国留学，开启我的环游世界模式。

我在当时的愿望清单上详细地写着：

我要去浪漫之都法国，在巴黎喝咖啡、吃甜品，在世界上最美的街道香
榭丽舍大道上自由自在地闲逛，在卢浮宫观赏蒙娜丽莎的微笑，还有断臂维
纳斯的唯美，我还要去法国南部看薰衣草……

我要去文艺复兴发源地意大利，在罗马许愿池许愿，在佛罗伦萨看大卫
雕像，在威尼斯迷一次路，我要去那里感受地中海的阳光和热情。

我要去工业王国德国，去看看涂鸦遍布的柏林墙，还有童话小镇不莱梅。

我要去最古老的王国埃及，去看金字塔，去游尼罗河，泛舟红海上，穿越撒哈拉。

还有我最爱的欧洲国家英国，那里有英格兰、苏格兰、威尔士，还有北爱尔兰，所以我在那里停留的时间要长些。

清单上还有其他一些国家和城市，说实话，当时写下这些愿望的时候，我还没有开始学习吸引力法则。写完后，自己也觉得有些异想天开，所以随着瓶子被埋在土里，我的这些愿望也一起被尘封。然而，之后几年陆陆续续发生的事情，让我今天再来审视这张清单时，自己也被吓了一大跳：因为这上面陈列的每一条，都实现了。

回首这段梦想成真的旅程，不得不提到我的留学生活。留学，我去了最爱的英国，在那里我待了两年半。陌生的国度里，用陌生的语言来学习我讨厌的科目，没完没了的论文和实验，每周固定的几次小组讨论，学期内一场接一场的考试，常常熬夜也做不完的繁重功课。这一切的发生，终于让我在沉默中变得更沉默了。

我把自己关在房间里，整整一个月没出门，手机关机，不去上课，不去见导师，不去参加小组活动，也不与家里联络。我断掉了一切和外界的联系，拒绝和人沟通，把自己彻底封闭起来，除了两个在国外相识的闺密知道我还活着之外，其他人都以为我凭空消失了。

我对自己越来越没有信心，越来越讨厌自己，每天在心里诋毁自己一万遍，我付出了那么多的努力，又那么辛苦通过研究生入学考试，结果我还是活在痛苦里。而且是越来越痛，痛得我想放弃一切，痛得我每天站在落地窗前琢磨，是不是只有从这里跳下去，我才能得到彻底的解脱。我不明白做人如此辛苦，为什么我还要选择活着？

当时的我认为自己一事无成，什么都不行，只会瞎折腾，我放弃了国内的一切选择出国，等待我的结果却是毁灭性的灾难。

我对父母充满了愧疚，他们如此地支持我、理解我，一直在为我付出，但是我总是达不到自己的期望，实现不了我想要给他们的承诺。完美主义个性在当时把我逼上了绝路，我的周围一片黑暗，我看不到前方的路，更谈不上有什么未来。天生不懂自我舒压，抑郁躁郁倾向同时发作，负能量爆棚已经不足以形容我当时的状态，更确切的说法应该是负能量灭顶了！如果人是有颜色的，那么当时的我肯定是漆黑漆黑的。

我的生理作息时间完全被打乱，要么是整夜整夜的难以入眠，要么是整天整天的昏睡不醒，我看着自己一天比一天萎靡，情绪一天比一天低落，人也一天比一天消瘦，我知道自己的状态不对，但是我却不知道该怎么做。

我痛不欲生，但是又没有勇气去死，所以我只能选择在痛苦中做出改变，继续活着。

很多人大概都会如此，若不是痛到深入骨髓，是不会轻易下决心做出改变的，如果你现在还是放不下现状去做出改变，那么只能说，这是因为你还不够痛！

在我下定决心要做出改变后，我发了一条求助信息给当时一个我还愿意与她联系的好闺密。她在知晓我的情况后，推荐了一本《金刚经》给我，从那时起，我开始吃素，每天没日没夜地读佛经，抄佛经，看各种身心灵方面的书籍，我渴望着佛祖真的能来拯救我，给我指出一条能让我活下去的路。

很感谢老天真心待我不薄，我的呼唤有了回应，我看到了张德芬老师的书，从张德芬老师的内在空间网站上看到了秋恺老师的课程，并且下载到他的免费YY语音。当时我的MP3（音乐播放器）里只有这些音频，只要我是清醒的，我就会一直循环播放老师的录音，我把它当成了我的救命稻草，而事实上这根稻草也的确救了我的命！随后我报名了秋恺老师的函授课程，给老师写过几封邮件，真心感谢秋恺老师，当时他是每封必回，虽然言语不多，但每一个字都能触动我的心。

我开始尝试着走出去，带着兴奋向往的心，我重新把儿时那些美好的愿望又一条条列出来。然后，让自己放轻松，把一切交给宇宙安排，不去想它们是否能实现。我开始背着包躲开人群，乘着火车环绕英国。走过风景怡人的乡村小镇，徒步穿越山水之间，我依旧是很少与人交谈，只是不停地走，在大自然中与自己相处。

那一段沉默寡言的独处时光对我而言是非常珍贵的，我避开了所有人，避开了外界所有的声音，在我的世界里只有我自己。我开始倾听自己内心的声音，尝试着擦掉蒙在自己心上的灰尘，等待着有一天我能一点点还原自己本来的样子，再也不用任何人告诉我我是谁，我该怎么做。

孤独的时间里，我的人生没有别人来指手画脚，我也不需要对外界证明什么，我需要的只是做好我自己。

从那时起，我爱上了背包旅行，尝试用最少的钱去穷游欧洲，在瑞士我睡过空旷无人的机场，在罗马我住过狭小的木屋训练营，在巴黎我拼过四人一间不到十平方米的青年旅馆，在开罗我住过空调风扇比发动机还响的郊外小酒店。

旅途中也遇到过各种奇葩事件，例如在南法，我搭错车，走失迷路误入乡村深处，在语言不通的情况下还能遇到好心的当地人专程开车送我到火车站。

在巴黎遭遇过海底隧道故障，欧洲之星停运，我在几千人被滞留的车站蹲守到半夜只为能顺利回到伦敦。

还有那一年的圣诞节，在埃及百年不遇的大雪过后，并且也是他们的内战刚刚结束不久，我瞒着父母和闺密前往埃及旅行，当时开罗的街道上到处都有坦克和拿着武器的士兵在巡逻，那里的城市建设和居民生活状况让我明白什么才是真正的发展中国家。

从那时起，我开始深深地体会到，这个世界的某个角落有人在过着可能我一生也无法企及的奢侈生活，也有人在过着若不是亲眼所见，我可能很难想象到的贫困生活。同时，我还明白了一个道理，这个世界的确是有很多的不美好，但是我们不能因为这些不美好就停下去寻找美好的脚步。

当我站在威尼斯的水桥上欣赏夜景时，当我在佛罗伦萨的广场上欣赏大卫雕像时，当我潜下红海观看海洋中的美妙生物时，当我乘着吉普穿越撒哈拉沙漠观赏日落时，每当旅途中遇到这样难以忘怀的美景时，我总是在想宇宙是如此的丰盛，大自然是如此的仁慈，他们不分权势、地位或是金钱，呈现给每一个人的风景都是一样的，我们眼里看到的没有分别，有分别的是看风景的人心。

宇宙的神奇之处就在于：你的期待越小，反而惊喜会来得越快；你越放松，就会越快乐；你越快乐，梦想就会实现得越快。

在短短的一年内，我清单里陈列的那些愿望全部都实现了，而且都比我预期得更好！我到过许多的国家和城市，欣赏了更美的景色和风光。我还有环游世界的梦想，宇宙选择了最好的时机，一点点帮我实现了。在此期间，我心态越来越宁静。因为我知道，宇宙比我自己更知道什么时间给我礼物最合适，它比我自己更明白什么是对我最好的。

所以，我想告诉朋友们，对于生活，对于梦想，我们要做的就是：大胆地对宇宙说出自己的愿望，只要你敢要，宇宙就敢给。随顺宇宙的安排，你真正想要的它一定会到来！

Grace 点评：汐汐的故事梦幻得犹如童话，也许儿时我们都曾做过类似的梦，然而只有她真正实现了，让人感慨万千。

1. 生活再难，永远都不要失去追寻梦想的力量。听从内心的召唤，勇敢迈出第一步，人生的风景从此改变。

2. 大胆地跟宇宙下订单，你想要的一切，宇宙都可以成全你。你唯一需要做的就是随顺宇宙的安排，相信生命中所遇到的人、发生的一切，哪怕暂时不能理解或者不如己意，他们都是来祝福你的，来帮助你成长的。这样，宇宙会不经意将你想要的生命画面以最好的方式呈现给你。

宇宙恩典：喜获多伦多国际摄影优秀奖

分享者：林尚珠

微信：**tinalsz2010**

【导读】在那个零下 20 多摄氏度的寒冷周日早晨，突然有一股灵感要去那片
　　　　农场，然后刚好就等到了那个最激动人心的瞬间，后来参加比赛并
　　　　获奖。

我从小到大一直特别喜欢摄影，作品经常得到朋友们的赞美，但我从没想过
自己有这方面的天赋才华。过去我也曾经在很多杂志和网站上投过稿，但是基本
都石沉大海。由于工作比较繁忙，我的摄影作品数量非常有限，所以没有获奖自
己一点也不奇怪。凡是了解摄影行业的朋友都知道，这是一个需要耗费大量财
力、物力的奢侈爱好。有时，为了拍出理想的光影效果，很多摄影师花费了数年
的时间和精力，才能选出一张满意的作品。

2010 年，很偶然的机会我接触了《秘密》和吸引力法则，第一次学会了跟宇
宙下订单，当我了解到可以跟宇宙要任何想要的东西后，我异常兴奋，感觉自己
仿佛瞬间变成了魔法师。虽然了解吸引力法则是宇宙真理，时时刻刻都在运行
着，但真正开始有意识地运用却是在三年后。

2013 年的某天，我突发奇想，想试试看吸引力法则到底有多么神奇。我对摄

影特别有感觉，所以当即决定用一张小纸条写下自己对摄影的愿景，是一个非常简单的订单：亲爱的珠珠，你一定能拿到优秀摄影奖！然后，就把这张小纸条贴在床头一个柜子上。每天，上床躺下睡觉、打开柜门、拿衣服时，都可以看到这张纸条。

坦白地说，除了每天看到这句话以外，写了以后，就放下不太管了，心想一切交给宇宙吧。

我经常遇到群里很多朋友一起交流说：下完订单，有些感觉太遥远，负面情绪不断地在内心蔓延。但对我而言，依照当时的情况，拿摄影奖的概率其实很小，一方面作品少，另外没有太多时间去钻研。所以，纸条贴在那里就没想太多了。

日子在继续，我爱好摄影的心依然不变，业余时间我依然坚持不断地在拍摄，只是产量还是不多。对专业摄影而言，十分讲求光线、时间点、画面色彩、地面层次等。总之，对外部环境条件要求非常高。

生活中，我是个路痴，方向感特别差，所以一个人基本不去离家很远的地方。

2015 年年初，多伦多漫长的冬天特别寒冷，外面的世界全被冰雪覆盖。有个周日的早晨，气温零下 20 多摄氏度，我根本没看外面的天气状况，内心有一种强烈的欲望：想背着相机出门。后来，我选择了一个离家不远，自己比较熟悉的地方。到达之后，发觉景色特别惊艳，一大片空旷的农场，堆满了厚厚积雪，表面一层都结成了冰。有部分冰开始融化成水了，远远看去，就像一个美丽的湖面。

我等待了一会儿，发现有一瞬间，无论是地面层次，还是色彩和光线都完美极了。于是，我快速拍下了几张特别满意的照片，其中一张就成为我后来的获奖作品。

由于平日比较喜欢摄影，我加入了多伦多的一个摄影协会。2015 年，该摄影协会举办多伦多国际摄影展，我当时只投了两幅作品，一幅就是上面提到拍摄的《Light》，还有一幅是动物主题的，都是自己特别喜欢的作品。投完稿之后，我也没管结果如何，根本没想过获奖与否的问题。

很神奇的是，2015 年圣诞节时，摄影协会一位负责人突然发邮件告诉我：《Light》那幅作品获得多伦多国际摄影界优秀奖，奖状在他那里，等下次举办活动我可以顺带拿回来。当时看完邮件，我完全不敢相信，问对方是不是搞错了。要知道这次摄影展的参展人数非常多，并且很多是有实力的专业摄影师。直到在奖状上看到自己名字的那一刻，我才相信这是真的，梦想终于变成了现实。

无限感恩宇宙的恩典，这么遥不可及的订单也帮我实现了。

后来很多朋友问我的经验，当时下完订单时有没有想过万一不能获奖会不会很难过之类的，我清晰地记得我完全没有聚焦在这些负面的情绪上。除了全然放手交给宇宙外，我还积极跟随灵感行动，然后主动参加比赛，我想这些都是能够心想事成的重要原因。此外，我发现订单写出来或者做成愿景板的威力远远超过仅仅在脑海中想象。所以，如今我把想要的东西全都做成愿景板，这样也加快了我心想事成的进程。

随着心想事成次数的增多，我越发觉得吸引力法则确实很神奇，下完订单，如果我们能够遵循灵感去行动，宇宙的力量将会远远超过外在的努力。比如我拍《Light》这部作品时，按照正常的思维，要抓拍到那么完美的瞬间，肯定需要花时间蹲点，长时间观察融雪情况、光线和色彩等细节。可是，我并没有那么多时间去做这些琐碎的事情。在那个零下 20 多摄氏度的寒冷周日早晨，突然有一股灵感要去那片农场，然后刚好就等到了那个最激动人心的瞬间，后来参加比赛并获奖。

宇宙将一切安排得如此完美，顺其自然，给人水到渠成的感觉。我觉得突发奇想去拍照，其实是宇宙给了我灵感，也就是说，我们要接受来自宇宙的灵感。有时，可能你有些奇怪的想法，不要否认它们，除非是违法的或会伤害到别人或自己的，我们就去做吧，也许那是来自宇宙的声音。否则，我怎么也不可能冒着零下 20 多摄氏度的低温天气出门拍摄。

所以，我想告诉朋友们：只要你敢要，并能抓住灵感行动，宇宙一定会给你意想不到的精彩，心想事成也不是遥不可及的梦想！

Grace 点评： 珠珠无心插柳的摄影获奖经历，让人惊叹不已。她之所以能心想事成，有很多地方值得我们思考。

1. 下完订单并不需要一直观想。珠珠下完希望获摄影奖的订单之后，除了每天可以看到这张字条，偶尔观想一下，她把这个愿望几乎丢到一边。秋恺老师说：任何你想要的一切，就在你愿望升起的那一瞬间，宇宙就已经在无形世界为你准备好了。只要你后续没有去聚焦与之抗衡的想法和感受，心想事成就会在无阻力的状态之下完成。尽管梦想很遥远，但她并没有产生任何与之抗衡的想法和感受，所以宇宙给了她最好的安排。

2. 接收宇宙灵感需要行动。根据宇宙法则，除了下订单观想以外，依照宇宙提示的灵感去行动更为重要。按照正常思路，要拍出一幅完美的作品一定需要付出艰辛的努力，而她抓住了灵感，赶紧行动：清晨去了家附近的一片农场，观察冰雪初融时的光线、地面和色彩等细节，很快宇宙就给了她最完美的瞬间，直至拍出满意的作品而获奖，一切都处在顺流里，这才是心想事成的最高境界。

太美妙，吸引到梦想中的车子

分享者：文雁

微信：2243679955

【导读】这个世界上真的有这样一些存在只为你而来，只要是真心想要，宇
　　　　宙会集中所有的力量来帮你实现，这是真的。

如果你的户头有八亿美元，你会想要什么呢？每次跟宇宙下大订单，都精彩
绝伦，过了一把富翁的瘾。然而内心总会有一个小声音出来："以你目前的生活
来说，你最想要的是什么呢？"

一说到现实，我立刻沉默了。

头脑里的声音很快出来了："我不需要什么啊，我的生活很幸福啊，物质也
蛮富足的，没有什么想要的啊。"

"是真的吗？是你不需要，还是不敢要呢，要区分清楚哦！"

真是喋喋不休，要逼死人的节奏啊。但是，它说的也不无道理啊，我于是反
观自己，问问自己到底敢不敢要。

我的车子已经为我服务了十一年了，虽然没有什么大的问题，但是总会有一
些小的毛病，如果给我一辆新车子，我愿意吗？

我一直都说不想要，当我反复问自己为什么的时候，我发现，我不是不想要

一辆新车子，只是不相信我会拥有一辆满足我所有条件的新车子而已，我固执地认为我的旧车子是最好的。

当我看清楚这一点后，我下了如下的订单：

> 宇宙啊，我想要拥有一辆新车，它有如下的特点：性能好，品质高，有六碟 CD，音响很棒；操控感像我的小纳那么好，或者比它更好也可以；车子外形线条优美、有动感，内饰做工精致，车小、排量大，加速快，手动挡，于车流中卓尔不群，高贵典雅有风范又不张扬，白色、银色或蓝色都可以，并且顺利挂上开运的车牌。若有比这更棒的也行，请为我移除会阻碍这件事情的思想信念与行为模式，并以你认为对我最好的方式将它实现，感谢你！

我还记得这个订单我是一气呵成，完全根据内心的感觉写出来的，如果有一辆车能满足以上所有的条件，想一想都开心坏了。写完这个订单，只觉得内心无比酣畅淋漓，真实地表达自己是有多么的重要啊。

当我写完，发给先生。让我没有想到的是，先生比我还兴奋，跟孩子们一起研究满足我条件的车子都有哪些，并最终锁定了两款车子。

周末先生跟孩子们陪我一起去看新车，起初我并没有抱多大希望。

不得不说，我被大家的热情感染了，最后我们锁定了别克威朗 GS，它动若脱兔，静若处子，全身强烈的运动元素深深地吸引了我，除了不是手动挡之外，别的都满足订单上的要求，有的地方甚至超出我的想象。

车身包围、前后保险杠的红色饰条、17 寸熏黑轮圈、红色刹车卡钳和尾翼在内的细节处理，都让威朗 GS 看起来如小钢炮一般。

内饰也秉承运动风格，红色饰条和仿碳纤维纹理的面板做工和质感令人满意。Alcantara（欧缔兰）材质的座椅，不仅样子帅气，防滑性和包裹性更是出人意料。

另外，威朗 GS 采用 1.5T SIDI 缸内直喷涡轮增压发动机，动力十足，矩阵式 LED 大灯，能够智能识别驾驶环境、自动进行六种照明模式切换，还有自动启停、运动模式、泊车辅助、7 速双离合变速箱。

车头侧面看起来像是猎豹一样凶猛，但又静若处子，天生带动感。试驾之后，才知道什么是"明明可以靠脸吃饭，却偏要靠才华"。订单实现有没有太快、太容易？

我简直要惊呆了，不是因为我要拥有新车了，而是因为，这个世界上真的有这样一些存在只为你而来，只要是真心想要，宇宙会集中所有的力量来帮你实现，这是真的。

我一直以为不会有一辆满足我条件的新车，旧车就是最好的，没有车子能够胜出，这是一个多么固执的念头啊。因为有了这样的执念，我停止寻找，放弃希望；因为有了这样的执念，我甘愿生活在痛苦中而不自知；因为有了这样的执念，我拒绝美好的事物向我涌来。

在生活中，保持开放的态度，给自己接受更多可能的机会，这个收获，比有一部新车子更有价值。运用吸引力法则，改变生活、改变命运，就从身边一点一滴的小事情开始吧。

Grace 点评：文雁心想事成的能力让人无限感慨，有很多地方值得我们借鉴。

释放各种限制性的信念：当她想拥有一辆新车子，内心有各种声音蹦出来，它们是源于自己负面的信念系统，不相信有符合自己愿望的车子，最终通过反复确认明确了内心真实的想法。

所以，在生活中，保持开放的心态，给自己接受更多可能的机会，这样才能收到宇宙更多的礼物。

世界上最好的婆婆

分享者：**Grace**

微信：**sh2745785547**

【导读】亲爱的，我终于知道你为何有这么完美的婆婆了。你知道吗？要想
　　　　一个人变成你想要的样子，最好的方法就是往你想要的方向拼命赞
　　　　美和鼓励。

记得青春年少时，没事总喜欢和几个闺密一起开卧谈会。大家天马行空般地畅想未来，话题最多的莫过于幻想找一个多么浪漫完美的男人。偶尔，也会聊起婆媳话题。印象很深的是，几乎所有人都认为这世界上没有人能跟真正和婆婆融洽相处。

我非常不赞同，当即毫不犹豫地反对说："我觉得只要你用真心对待她，对方就一定能够感受到。"

时隔多年，依然清晰记得大家当时的一阵唏嘘声：

"哈哈，傻妞，不是我打击你，你简直幼稚得无可救药啦！"

"你听说过一个巴掌拍不响吗？热脸贴冷屁股吗？"

我确实听说过许多婆媳不合的故事。被她们这么一问，我顿时哑口无言，毕竟我也没有亲身体验，又如何证明她们是错的呢？但是，傻傻又单纯的我，依然

相信这世间有美好，也有奇迹，因为我自己的妈妈和奶奶一直相处得十分融洽。

很快，我们各自结婚生子。偶尔小聚，聊起婆婆，不少人满口怨言："小气，多事，偏心眼……"面对她们的抱怨，我依然无话可说。因为，我有一个世界上最好的婆婆。

回忆起跟婆婆相处的点滴，我的内心一直溢满感动和喜悦。

10 年前，跟先生恋爱的时候，第一次看到了婆婆的照片，用惊为天人来形容毫不夸张。优雅的酒红色卷发，淡蓝色的剪裁得体、非常合身的 V 字领收腰连衣裙，肤色长筒丝袜，黑色高跟镂空凉鞋，衬出她身材高挑修长。高挺的鼻梁，炯炯有神的双眼，灿烂的笑容，看上去最多不过 40 岁出头，非常年轻漂亮。面对这个穿着如此时尚的婆婆，我简直惊呆了。

我很委婉地试探着问先生："亲爱的，你妈妈是不是很强势啊？"

他笑着回答："呵呵，不会啊，我妈很温柔的，也非常容易相处。"

2007 年五一期间，我带着忐忑的心情，第一次跟先生回老家。

到家时，婆婆穿着粉红色碎花睡衣，披着卷发笑语盈盈地站在门口迎接我们。然后，转身到厨房给我们做早餐。在家里的几天里，我跟婆婆朝夕相处，陪着她去菜场，逛街购物，在厨房帮忙择菜打下手，耐心地跟她交流。我惊喜地发现，外表靓丽的婆婆其实跟传统的妈妈一样温柔善良，兢兢业业为家庭努力付出。她的厨艺非常棒，做饭色香味俱全。

回到上海之后，我一位堂哥跟先生聊天，从他口里得知，婆婆他们对我印象特别好，夸我知书达理、乖巧懂事。我在一边偷着乐，得到未来婆婆的认可，心里特别开心。此后，每次见面我总会特意给她准备点小礼物，比如衣服、香水之类的，婆婆也特别开心。

结婚的时候，婆婆给我准备了一条金手链，我很惊喜。她还给了一个大红包，我知道她和公公的退休工资非常低，攒点钱非常不容易，所以坚持不收，但婆婆还是执意塞给我，令我十分感动。

真正和婆婆朝夕相处是在 2011 年年底，当时我怀孕已经 7 个月了。

他们来之前，我竟然从来没担心过一起相处会有什么问题。唯一想到的就是，他们那么大年纪，千里迢迢地过来照顾我们和即将出生的宝宝，内心特别感激。

我把家里宽敞明亮的主卧收拾干净，给他们新买了床上用品，希望他们能在这里住得开心，喜欢上新家。

婆婆来了之后，我每天下班到家，推开门就能看到餐桌上摆满了各种美味菜肴，她总是变着花样地做各种汤。年少离家的我终于找到了家的味道。

由于婆婆很少离开家乡，她刚来的那段时间整夜地睡不着。经常在深夜里，站在卧室的窗前，看着深夜疾驰而过的汽车，还有偶尔路过的行人身影。

听到她描述这一幕，我特别心疼，就像听到自己的妈妈睡不着觉一样焦急。当天下班后，我亲自去大药房给她买来静心口服液，看到口服液的时候，婆婆眼里闪烁出喜悦的光芒。

最难忘的是生宝宝的那段日子，刚过完春节的上海，温度依然特别低。由于自己的妈妈年岁已高，不能坐车出远门，所以全程由公婆照料。

住院的一周里，公公婆婆顶着严寒，每天轮流换班，风雨无阻地给我送来各种补品和食物。剖宫产的头两天，伤口很痛，婆婆亲自给我喂饭，帮我擦洗身体和伤口，寸步不离地守候在我和宝宝身边，临床的家属们都以为她是我亲妈妈。坐月子期间，公婆也依然非常贴心地照顾我和宝宝。白天为了让我安心补觉，他们负责照看宝宝。

初为人母，我一直沉浸在幸福的旋涡里，完全没有体验过朋友们描述的产后抑郁症、婆媳大战之类的。如今想来，最根本的原因是，我相信宇宙，相信自己值得拥有一位好婆婆，宇宙就让我心想事成了。

婆婆最大的爱好是舞蹈，小时候生在农村，一直没有施展的舞台。40多岁的她才开始跟老师学舞蹈，但她天资聪颖，很快就学会了诸如国标、拉丁等交谊舞。我曾经看过一张她跟朋友们一起表演的照片，在一群50多岁的阿姨里面，婆婆格外醒目：身材完美，气质出众。

所以,我毫不吝啬对婆婆的公开赞美。有一次,一位闺密在我家住了一天,她亲眼目睹了我和婆婆的相处模式。细心的她发现我几乎时刻都在赞美婆婆,为她做的每一件事情心存感恩。

临走时,她告诉我:"亲爱的,我终于知道你为何有这么完美的婆婆了。你知道吗?要想一个人变成你想要的样子,最好的方法就是往你想要的方向拼命赞美和鼓励!"我心领神会地点了点头。

除了勤恳照顾家人以外,婆婆还喜欢把自己打扮得漂漂亮亮的。哪怕去菜市场,也要梳妆整洁。喜欢穿合身的上衣和修身的连衣裙,裤子时刻保持笔挺,皮鞋也擦得非常干净。

这也是我特别钦佩她的地方。一个女人,尤其是上了年纪,除了围着锅台和孩子转以外,依然能坚持自己的品位,是非常难能可贵的。

正是由于婆婆对衣服的极致完美追求,有任何细节不符合要求她都不愿意接受。她非常认真执着,每次一定要达到完美才罢休。如果说浑身上下全是优点的她,这个小问题算是缺点的话,我也很喜欢这个追求完美的"缺点"。所以,我经常很有耐心地陪她逛街,任由她慢慢选,直到挑到满意的为止,然后抢着给她埋单,看到让她露出满意的笑容,我心情特别美好。

婆婆和我们相处的日子里,她从来不过问诸如工资收入多少,买了什么贵重物品,跑到哪里去玩之类琐碎的事情。她总是尽心尽力地帮我们做好家务,带好孩子,让我们心无旁骛地出门工作。

逢年过节,给她一些零花钱,她总是一再地拒绝,说他们有钱花,钱在我们手里用途更大。后来我干脆不提前通知,直接往她卡里转账,因为我认为老人手里有足够的钱会更有安全感。

2015年国庆节,婆婆六十大寿,我们一家人陪着她到桂林旅游了一趟,这是第一次带婆婆出门旅游,虽然有点晕车,但婆婆依然玩得非常开心,那种幸福洋溢的感觉让我特别欣慰。

我们出国前,适逢我妈妈七十大寿,公公婆婆和我们一起专程从上海回到我的大别山老家玩了几天。

两位妈妈第一次见面，她们在一起交流得非常愉快。妈妈对婆婆表示感谢，谢谢她这么多年包容我、照顾我。婆婆也跟妈妈夸奖我，说我很懂事、很能干。在一旁的我看着两位最亲爱的人在一起的情景感动极了。

我想：人生的幸福，莫过于父母健在，家庭和睦。感恩宇宙，为我送来了一位如此完美的婆婆，圆了年少时的梦。祝福我最亲爱的婆婆永远美丽健康！

Grace 点评：源自年幼时一份美好的憧憬，在我根本不懂得吸引力法则为何物的时候，便轻松吸引到如此完美的婆婆，不能不说是一个奇迹。无限感恩宇宙的恩宠。我觉得自己之所以心想事成，主要原因在于：

下完订单，就全然放松心情，我相信自己值得拥有完美的婆婆，内心从没产生过与此想法相抗衡的念头。通常，在没有阻力的情况下，心想事成会更容易实现完成。尽管在年轻的我看来，这是一个不可企及的梦，但因为真心想要，宇宙就给了我最好的安排。

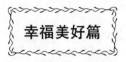

创造奇迹的人

分享者：刘海燕

微信：haiyan18612287396

【导读】我们曾经如此渴望命运的波澜，到最后才发现，人生最曼妙的风景，
　　　　竟是内心的淡定与从容。我们曾如此期盼外界的认可，到最后才知
　　　　道，世界是自己的，与他人无关！

痛苦的挣扎

2010 年，我在一次体检中被确诊得了一种需要终身服药的名叫桥本氏甲减的
重病。当时心灰意懒，快要崩溃了。

网上搜索到大连有中医可以针灸治疗，就去那里治疗了一个月，但是针灸的
效果很慢，基本看不出有什么改变，身体却已经在煎熬中痛苦不堪。症状无处不
在：脸上色斑，头脑不清醒，身体疲惫不堪，严重水肿。心里还总会觉得委屈，
很容易陷入悲伤中不能自拔。治病的过程真是曲折又漫长，为了治疗，我在广西
巴马县长寿村住了一年，每天坚持锻炼、艾灸、爬山、喝当地的水。

就在休养和治疗有了一些起色的时候，我和前夫经营的丽江客栈遇到了人际关系和经济上的危机，客栈的运营需要我们去亲自打理。

2011 年秋天，我选择回到丽江管理客栈，去解决问题，而前夫却选择离开，再也没有回来。一封附带离婚协议和委托书的信，让我面临被离婚的现实。

两个多月中，我白天支撑着打理客栈的日常事务，晚上回到房间，蒙着两层被子，放声大哭。

我一直在问自己：为什么这一切都发生在我身上？我自认为很善良，对家人、朋友、自己的学生、同事，甚至对陌生人都没有做过一件亏心的事儿，认真做人，踏实做事，为什么会让我陷入这样的困境呢？我该怎么办？

就在我痛苦不堪的时候，南京的杨姐来客栈看我，她只是在店里住过一次，我们也没有深交，当时她已经 45 岁，怀孕近 6 个月，还有严重的哮喘。

在院子里她拉着我的手说，"不知道为什么，就是想来丽江看看你。海燕，我不知道你发生了什么事，让你如此憔悴。"

当时，我不好意思告诉她发生的事情，在丽江古城的万子桥边，我趴在她的肩膀上泪流不止。

杨姐反复说，"你也不必说发生什么事儿，我知道，你一定可以走出困境！"

"你知道吗，我就是想来看看你，也许就是老天的安排，你要相信我，这件事就是一个极其丑陋的礼物，你要收着，总有一天你会感谢这份礼物的。"

她还告诉我："这是张德芬老师的书里讲的，你可以到德芬老师的内在空间网站上看看，或许可以找到一点力量。"

杨姐离开时把她的枕边书送给了我，就是朗达·拜恩的那本《力量》。

接触吸引力法则

在德芬老师的网站，看到秋恺老师主持的吸引力法则专栏，我如获珍宝，世间还有这样的事吗？不管是学问也好，还是道理也罢，反正就是被吸引住了。

当我看到秋恺老师的函授课程招生时，马上报名了。

老师的文件发过来，我下载到了手机里，每天要打理院子的花花草草，运营正常的业务，同时还要和各种关系周旋。每天深夜，听秋恺老师的课程，成了我最开心的事。虽然我当时还不是很明白其中的一些道理，但听着就睡着了，白天身体舒服些，觉得内心已经平静了很多，课程真的很好。

只是，那时候陷入情感的困境，没有花更多的心思在课程上。

面对即将离去的 15 年的婚姻，我心里翻江倒海，一万个不舍得，一万个为什么，万剑穿心般的疼；面对即将失去的客栈，亲自设计的装饰，亲自栽下的每一棵花草，用心精选的每一个物件，还有满满的书架，我有太多的舍不得，不愿放手。

另外，在客栈转让的时候我遇到了大麻烦，又一次陷入僵局。

这样到了 2012 年的春节，焦虑占据了我整个身心，坐卧不安，躺下就闭不上眼睛，更不要说睡觉，感觉快要疯掉。大年初二天不亮我就进了医院，输液和吸氧时勉强睡了一会儿，回到自己的房间，又回到原形。半小时之后，就再一次进了医院，医生很快就打发我回来了。

当时，一个人在房间里来回走，焦躁到了极点。在我似乎就要失去控制的时候，头脑忽然清晰起来，心里默念："我要自救，我要自救，我要自救。"

看到镜子中有点不认识的自己，心里反复说："我要自救，我要自救，我要自救。"心里还有个小声音不停在问："你怎么自救啊？怎么自救啊？怎么自救……"突然有个声音大声说："感恩啊！"瞬间，周围的一切都安静了下来。当我大笑着看见镜子里的自己时，泪水已经无法停止。

那天早上，太阳已经早早升起，透过屋檐旁边的三角梅花瓣，洒在院子里，我打开窗户，坐在台阶上，任眼泪流淌。那个早上，我终于告诉自己，是时候做个决定了，无论是婚姻还是客栈，是时候放手了。

我要用自己的智慧解决遇到的所有问题。

启动感恩的魔法

直到此时，秋恺老师的课程才正式出场。

认真学习的过程一点都不费力，有空就听录音，因为我想要彻底改变思维模式。每天都有很多事情要做，课程中的练习题不可能每个都做，只记得秋恺老师说，"光是练习感恩这一件事情，我保证，你的命运就一定会改变。"于是我决定就做这一个练习。

每天坚持写感恩日记，坦白地说，对那些给我设置障碍的人和让我陷入困境的人，要每天感恩真的很难，还好我听从了秋恺老师的建议，慢慢学会了感恩。感恩过往遇到的人和所经历的事情，感恩正在遭遇的困境和遇到的麻烦，感恩即将遇到能够帮助我的人和即将发生的好事。

感恩，真的是有魔力的两个字。神奇的是，短短一个多月之后，当我再次启动自己的计划时，一切都是那么的顺利，犹如神助一般。两个月零八天，我已经处理好丽江的一切纷杂的人际关系和100多万元的经济麻烦，一身轻松飞回到妈妈身边。

见证奇迹

2012 年，注定是我人生的转折年，很多好事接二连三地发生。似乎，一切都顺理成章。

先是在大连完成一个疗程的针灸治疗，效果很明显。接着，顺利办完离婚手续。

8 月的一个晚上，我莫名其妙在网上投了一份简历，第二天就收到一个来自大连的面试通知。第二天，当我拉着我的全部家当——一只大行李箱走出火车站，站在大雨中的时候，我又有点茫然。可是，一周之后我已经入职做了一名特聘培训老师。仿佛一切都自有安排。

生活安顿下来，我才开始仔细阅读、摘抄《秘密》一书，对吸引力法则也才开始有所体会。对秋恺老师的课程更是折服，我只是应用了其中一个小练习，命运就从此转变了。

2013 年我通过反复实践，创造了一个又一个的奇迹。我，就是创造了奇迹的那个人。

向宇宙下订单

勇敢跟宇宙下订单，让我实现过很多的愿望。小到住在喜欢的房间，大到找到完美爱人。

通过反复练习，我意识到：放开限制，随顺宇宙，可以不断向宇宙下订单，因为宇宙是丰盛的，你要什么，就会收到什么。整个过程，就像阿拉丁拿起神灯，抹去灰尘，结果冒出了一个巨人，那巨人总说一句话："您的愿望，就是我的命令！"

《秘密》书中说，你拥有改变一切的力量，因为选择思想和感受感觉的，就是你自己。

信任随顺，是心想事成的关键所在。把模糊的渴望变成明确的步骤。

只要你真心想要，不管那是什么，描绘于心，刻画于心，终将实现。

于是，我敞开一切跟宇宙许下了很多美好的愿望。

财富和健康

因为甲状腺疾病的折磨，我一直不敢给自己安排更多的工作，因此收入也不高。

但是，在 2013 年 3 月 1 日我向宇宙发出订单：

亲爱的宇宙啊，我想要身体健康，我想要从2013年3月开始，月收入一万元人民币以上，因为我希望享受身心健康以及财务自由带来的轻松和愉快。感谢你，为我移除阻碍这件事情的思想信念和行为模式，并且以你认为对我最好的方式成全我。谢谢你。

3月4日，我接到通知讲授一个高三艺考班的英语课，这是一个收入很高的课程，让我惊喜不已，因为到月末我月入一万元以上的愿望就实现了。

3月5日，在体检中，我得到结果，甲状腺指标正常，终生不能治愈的甲减，也奇迹般地康复了。

之后，每次检测指标都正常，医生看到报告都说不可能的，真是奇迹。

2013年3月5日的感恩日记，摘取一部分：

我感恩，今天的检查结果如我所期待，甲状腺功能五项全部正常，肝脏功能的检查也全部正常。回来的路上就很冲动地打电话跟老妈分享，跟朋友分享。也想尽快写好文章，与病友们分享。还发了微博，自己在惊蛰这一天特别地感谢自己这三年的坚持不懈。

我感恩，生活并没有击倒我，反而让我更加努力地去实现自己的愿望，选择善良，拥有幸福的能力，拥有获得想要财富的能力。

感恩2012年，所有关心和支持我的朋友，感恩2013年，一个全新的幸福人生已经拉开了序幕。

经过多次的练习，我已经能自然而然地观想、下订单，随时给自己加强正面的信念，观察自己的限制性信念，不断提醒自己要懂得感恩。

完美爱人

当我身体康复、工作顺利的时候，我决定找一个自己喜欢的人共度余生，向宇宙下订单，一个多月之后，就吸引来了我的完美爱人。半年后我们结婚，我搬到北京定居。

2013年11月12日，我认认真真地向宇宙发出超完美许愿文爱人篇（摘取部分）。

爱人的条件：

有阳光般温和的笑意，声音富有磁性。

积极乐观，自信勇敢，诚实守信。

善良勇敢，重情重义，富有爱心和正义感。

热爱读书，热爱旅游，热爱美食，热爱运动，热爱大自然。

喜欢看电影，喜欢并擅长摄影。

有知识，有修养，有出色的审美观。

爱家，顾家，会和我一起买菜，煮饭，做家务。

最好是大公司的管理者。

最重要的是，他深深地爱我，尊重我，帮助我，从不拿我和别的女人相比，从不取笑我。

写完之后，认真读了三遍，每天还是写感恩日记，再没有看过这个许愿文。

直到2013年12月29日，北京的张姐打来电话说要给我介绍男朋友。于是，在2013年和2014年跨年夜，我和张姐的街坊，也就是现任老公，通过电话联络上了。

这段机缘巧合1314的故事，被朋友们传为经典的段子。

经典剧情之一：张姐觉得这个和她住在一个楼道的街坊很适合我，在对这个人毫不了解，甚至还不知道他的名字的情况下，就跑到他家里要了电话号码。

经典剧情之二：2013年最后一天迎新年聚会，他多喝了几杯，好朋友开车送他回家，半路上他非要下车坐地铁，结果没有赶上地铁末班车，在走着回家的路上，想起街坊张姐给他的电话号码，就打一个电话试试有没有缘分。

经典剧情之三：一般情况下，我晚上 10 点钟就关掉手机睡觉，那天我半夜里惊醒，第一反应爬起来去拿沙发上的手机，结果发现手机是静音状态，有两个未接电话，一个是 11 点 55 分，一个是 12 点 5 分，号码是张姐给的北京电话。虽然已经过去了近 10 分钟，我还是发了个短信问候新年快乐。放下电话躺在床上睡不着了，就决定回复一个电话。

结果，两个有缘人就这样被吸引到一起，一个在北京，一个在大连，我们彼此都有相见恨晚的感觉。

有一件最让我震惊的事：第二次见面是跟他回到他父母身边过年，当他带我来看他出生的老房子，走上旁边的那条路时，我当时就泪奔了。村头那个场景，远山，树林，一条通到村口的路，就是我多年不断重复的一个梦境的画面，每次做这个梦，我都会在这个村口醒来，在梦里从来没有进去过，那一天却是从这个村里出来的。

2014 年夏天我又走在那条路上，我又大哭了一场。感谢宇宙的完美安排！

结婚两年了，我和亲爱的他牵手走过很多地方，彼此都更加欣赏对方，朋友们都说，我们俩长得都比以前好看了。

感谢宇宙的安排，当初完美爱人的订单有 23 条，他满足 90% 以上的条件。最重要的是，他给我一种力量，让我真正从内心放松下来，勇于面对自己的过去，做自己喜欢的事情。我相信，他就是老天送给我的最好的礼物，是来守护我的天使。

最后，请允许我用杨绛先生《一百岁感言》的一句话来表达我的心情："我们曾经如此渴望命运的波澜，到最后才发现，人生最曼妙的风景，竟是内心的淡定与从容。我们曾如此期盼外界的认可，到最后才知道，世界是自己的，与他人无关！"

Grace 点评：海燕姐的人生经历跌宕起伏。她从人生的低谷重新创造生命的奇迹，给我们很多启发：

1. 敢于跟宇宙下订单：当初，刚从身心疲惫的困境中走出来，各方面状况都不如己意时，她依然勇敢地跟宇宙下了财富、健康和完美爱人的订单，而宇宙也都给了她最好的回应。所以，很多时候，不是老天不愿意给你想要的一切，而是你没有勇气主动去追求。

2. 感恩：我们可以看到，感恩日记对海燕姐从重症中摆脱，从负债变成丰盛富足，从婚姻触礁到拥有完美爱人，从痛苦绝望中浴火重生，从而踏出黑暗岁月有着多么强大的力量。所以，我们每一个人永远要记得对那些带给你感动、价值、力量和勇气，甚至苦难的人心存感恩，因为感恩有一种神奇的力量，它可以让你创造更加美好的人生。

莫向外求的幸福

分享者：刘淼

微信：zitongxixi

【导读】要想把现在的生活过成是有生以来最好、最精彩的版本，就需要把现状调整到最接近想要的梦想状态，一切才能被我们吸引而来。这只与我们自己有关，与他人无关。

回顾我的 2015 年，是我三十几年人生里最为黑暗的一段日子。

那时，在上海创业失败，我来到了一个海滨城市过着所谓闲云野鹤的日子。

我的父母是那种特别善良但是个性鲜明的人，我妈是典型的刀子嘴豆腐心，我爸是那种脾气暴躁但是心地善良的老头，对我的管教很严格，但也寄予了我很高的期望。在他们看来，即使我人生走到了低谷，依然要做一个非常优秀的人。可是，那个时候我只想享受生活，或者说是放弃了希望。于是，矛盾就此产生了。

这中间还要感谢一个人的帮忙，此人经常有事没事打电话跟我爸妈说我的是非，我父母也不核实，每次都会打电话痛骂我，我放下电话就会朝老公发火，一家人就像生活在地狱中。

记得有一次接了他们电话之后，在我们家 11 楼的阳台站了好久，当时的想法是，是不是我跳下去，整个世界都安静了？

那个时候的我，有了超越年龄的叛逆，我曾经跟一个朋友说过："我知道把我爸妈气得不像样子，是我的不对，但是在那个当下，你知不知道我看到他们生气的样子，我特别享受心里的快感。"

我无端地指责着我的原生家庭给我带来的不自信、自卑、暴躁的脾气，毫无感恩之心。

就在这个时候，有一个朋友推荐给我一本叫《秘密》的书。

买回来之后，看了开头我就放不下来了，因为我相信这是真的，但是我还是没有办法领会里面的精髓，问题出现在哪里？我会去找答案。

后来，我在网络上面找到了秋恺老师的 YY 分享会，真是无心插柳啊。我很认真地听着老师的每一个章节，认真地做笔记，然后去实践，但是我发现还是不行，不知道哪里出了问题。但是改变却真的一点一点地开始了，老公对我的评价是笑容多了。我开始通读老师的博客，一点信息也不想放过，后来我决定报名学习函授课程。

那个时候，我和老公的所有银行卡加起来，总共有 4000 多元，我想了好几个晚上，我要不要去报一个不知道能不能改变我的课程，然后花掉我近一半的钱。这里感谢老公的无条件支持，他说："如果你觉得值得就去学。"

2016 年的大年初一，我正式开始了 A. S. K. A. 函授课程的学习。

下面说说这两个月来我的改变以及吸引力法则的魔法见证吧。

跟宇宙要一个完美爱人

做这个练习的时候，我问过秋恺老师："我已经有爱人了，这个订单还有必要下吗？"老师的回答是肯定的。我试着开始下订单，期间完全没有想到我老公竟然真的符合我要重新找的爱人的标准。

我下完美爱人的订单非常的苛刻：

懂我，疼爱我，支持我的事业，爱孩子，爱家庭，孝顺父母，有安全感、责任感，追求心智成长，好学进取，懂得珍惜和感恩，有领导才能，有明确的目标和行动力，追求生活品质，会赚钱，善于理财，有远见，有魄力，有格局，宽容大度，真诚有爱，脾气温和，良师益友，有幽默感，浪漫，有艺术气息，喜欢旅行、摄影等。

当我停下来的时候，从头看过一遍，一边看一边与我的老公做对比。

我才发现，原来我一直忽略了身边这个国宝级的老公，除了会赚钱、善于理财这一点不符合要求，其他条件我老公完全符合。

后来我一点点地发现，我老公是那种不需要学吸引力法则就可以将它运用得很好的一个人。

他懂得感恩，有智慧，一直在背后默默支持着我在上海不断折腾的创业之路。

我开始感恩宇宙，已经给了我一个完美的爱人，可我一直不懂得珍惜。

后来我写了一封感恩信给他，他抿着嘴看完，没说什么，其实我知道，他心里已经乐开花了。

最有趣的是关于他赚钱方面，他从来不把钱看得很重要，觉得要花钱的时候一定会有，所以自己根本不会主动去做些什么。

在上海的时候炒股，他被同事称为股市风向标，买什么什么跌成了亘古不变的定律。

不过我发现，最近他投资理财的这根筋好似被打通了任督二脉，股票基本上都不亏了，还会有盈余，并且开始买商铺投资，做各种理财项目，而且会跟我谈理财投资的理念以及未来的人生规划。

他的改变，我完全看在眼里，也完全相信这是宇宙对我订单的显现。

原来我在上海10年的改造老公的行动，还是不及宇宙的力量强大，感恩宇宙让我拥有这么完美的爱人。

吸引 27 万元低息贷款

跟奕鹏做九数生命能量学咨询的时候，他提到我的短期执行力和长期执行力都是不错的，缺的是中期执行力。这样会比较容易在做事情到一半的时候放弃，尤其是创业的时候容易遇到资金流的问题。听到这里的时候，我泪流满面。

要知道，我终于可以放下对自己的谴责，因为在上海的两次创业失败，都是因为我对于资金的匮乏感而自己选择了放弃，而现在也正处在资金链断裂的边缘。

我也终于知道不是我能力不行，而是我不懂自己。我当即下了一个订单，我想要改变现在资金紧张的状况，让我可以缓口气，然后让事业顺利地发展下去。

一个多月以后，老公突然接到浦发银行信用卡中心的一个电话，说他是浦发银行的优质客户，被千挑万选出来，有一笔 27 万元的贷款，而且手续费和利息是非常低的。

这样算下来如果我们拿出一部分来去做一些比贷款利息稍微高些的投资，绝对可以缓解我们现在的经济危机。

我再一次感恩宇宙的强大，于是现在出现了什么事情，我老公便会笑着对我说："你说，你到底下了什么订单？"日子越过越美，越来越舒坦了。

一夜之间拥有二套房

关于这个房子，我估计是我显化速度最快的订单，有一天我路过恒大一线海景房，当时想着下个订单吧，买个二套房，面朝大海，春暖花开，有无线网，可叫外卖。

下了订单我就忘了这件事情，因为我觉得以我现在的经济实力，别说付首付，就是每月再多还一份月供也是负担不起的，所以我要通过自己的努力改变现在的状况，然后再买一套房子。

第二天，公婆跟老公一进门，很开心地说想下午去看一下房子，考虑买套房子。当时我也没有多想，就跟着他们去转了两个楼盘，听说公婆年纪大了不可以贷款，而且我跟老公是二套，不能做零首付，要付30%的首付，所以觉得我们目前基本不可能买下这套房子。

第三天上午，我在电脑前工作，老公兴冲冲地给我打电话让我带信用卡去售楼处，我问："干吗呢？"

他说："给爸妈买房子啊！"

赶到售楼处打听了一下，不但单价给我们降下来了，而且首付只需要2万元，其他的开发商无利息地借给我们，一年半之内还清，用我的名字来贷款，也就是说房子在我的名下，而每月公婆负责还款。

神奇的是，公婆在这里生活半年了，从来没有要买房子的这个想法，怎么就在我下了订单的第二天就突然冒出来买房子的念头，真的是只要你真心想要，宇宙就会调动所有的资源帮你实现。

此时，我眼泪都要流出来了，我三天前下了一个想买二套房的订单，三天后就稀里糊涂做了房主。这显化的速度让人惊讶。

我也决定等经济状况改善以后，我不会让公婆再承担这么大的还款压力了。只要他们开心、身体健康，比什么都好。

改善与父母的关系

最后，我想谈谈跟父母的关系。

我只想说，妈还是那个说话不走脑不走心的妈，爸还是那个生气就摔东西的爸。但是他们唯一不同的是，看到我的改变，现在完全不指责我，不再给我压力，换句话说就是，当初的那些指责和压力是因为自己振动频率非常低而吸引来的。

通过学习吸引力法则，我最大的改变就是换了一种角度看发生在身边的事情，学会感恩周围的人，仅此而已。

记得曾经看过一本书叫《秘密副作用》，里面写道："你想要的，如果你现在身上没有，就算'假装'也吸引不过来。首先要接受现状，把现状过成你最好的版本、最好的生活状态，好到你都不想离开这里。"

这不就是德芬老师所说的"你的感受，而非想法，决定你会把什么吸引到你的生活中"吗？所以，我们要把现在的生活过成是有生以来最好、最精彩的版本，把现状调整到非常接近我们想要的梦想状态，一切自然会被你吸引而来。这一切也只需要自己的改变而已，与他人无关。

而我的外在的变化都源自于我自己内在的改变，宇宙是公平的，它会给值得丰盛的人丰盛，给值得幸福的人幸福。

其实幸福很简单——莫向外求。

Grace 点评：刘淼在非常短的时间内，吸引到自己想要的幸福，非常让人惊叹，归结下来：

1. 行动是开启幸福的钥匙：无论身处何种"绝境"，她愿意踏出改变的第一步，比如学习《秘密》和吸引力法则，报名 A.S.K.A. 课程，认真学习。只有绝处逢生的人才有勇气抓住命运的绳索。

2. 深刻领会幸福的含义：心存感恩，懂得向内求。把当下的每一天都过成最精彩的版本，把振动频率调整成自己梦想中的状态，一切美好事物自然会被吸引，幸福也会来敲门。

幸福的味道：遇见张德芬

分享者：刘嘉丽

微信：mowenhvd

【导读】每个人的人生都是一个剧本，演得好与坏就看你自己了。有的人即使剧本再烂，也能演得很精彩。学会转念，才能活出全新的自我。

我很小没读太多书，很早就出来工作。在工厂上班，没有空闲时间，每天像个陀螺一样忙于工作，非常辛苦。

后来，我就去学电脑操作，期待学完之后可以找到一份轻松的工作，晚上不加班，每周至少休息一天。

通过学电脑，我慢慢地接触了网络世界，也由此认识了很多朋友。

在学电脑时认识了一位同学，我们关系特别好，以姐妹相称。后来是她帮我找到了一份轻松的工作，我来到了她老公所在的公司工作，这份工作朝九晚六每周休息一天，只是工资不高。在新的环境中，我开始做得很有劲头。慢慢的时间长了，很多工作上的压力也随之而来，我发现这份工作没有发展前景，压力大也导致我失眠、心情抑郁。

经朋友推荐，我看了德芬老师的《遇见未知的自己》，读完特别感动，心灵仿佛被打开了一扇窗，从此我的人生也跟着改变了。

德芬老师的一系列书籍我都买来看，她的文字总是那么深入人心，可以温暖心灵，也可以疗愈心灵，我深深喜欢上她了。

我看完《遇见心想事成的自己》，也默默许下了愿望：我想要实现时间自由、财务自由。

那时我脑海突然闪过一个念头：要是能见见德芬老师本人就好了。

很巧的是，当月 24 日我看到德芬老师的公众号发出讲座信息：29 日在广州保利学府里开讲。

看到信息，我激动不已。我不是想见她吗？机会来了，所以第一时间打电话报名。无奈的是，我打了不下 200 通电话，始终打不进去。我请朋友帮忙，也都没有打通。

当时，心里既焦急又失望，老师都来广州了，却没法去见她。情急之下，我就在微信里给老师留言，问她报名不成功该怎么办。

但我内心又充满了憧憬，听德芬老师在台上娓娓道来的愉快场面不时闪现在脑海中，想见到她本人的愿望越来越强烈。

神奇的事情发生了，当天下午，新浪乐居给我信息，问我是不是要德芬老师演讲的门票？

哇，当时开心得无法形容。

最终，我拿到两张门票，邀请了同样喜欢德芬老师的同学一起去。

跟老师碰面的日子终于到了，中午匆忙赶到保利学府里，远远就看到外面聚集了很多人，朋友比我先到。

我们见面打招呼、拥抱，特别开心。然后，一边聊天一边等德芬老师出场。两点钟的时候，她终于到了，优雅而知性。因为见她的都是读者，每个人都很喜欢她，大家纷纷举起相机拍照。老师十分和蔼可亲，说给大家三分钟拍照，然后走下台，让我们近距离接近她。接下来，老师用一首"遇见未知的自己"同名歌曲来开始当天的演讲。一首歌曲下来，原本闹哄哄的现场，瞬间安静下来了。

老师说，平常我们遇到的一些难题，她也都曾遇到过，她也会慢慢练习，学会和自己的情绪相处。很多人通过上灵修课让自己感觉良好，一旦回到现实生活中，一触碰到内心的痛处，就会反弹。所以，我们最终是回归自己，从自己寻找答案。亲爱的，外面没有别人，只有你自己。每个人的人生都是一个剧本，演得好与坏就看你自己了。有的人即使剧本再烂，也能演得很精彩。学会转念，才能活出全新的自我。

老师还提到要知行合一，就是对于任何灵修理念，我们不能仅仅停留于知道的层面，还要学会在生活中做到。

最后，德芬老师说："我的书和任何一位大师的书都没办法给你幸福快乐，因为幸福快乐永远掌握在你自己手中，你才是唯一能让自己幸福的人，不是你的孩子，不是你的爱人，不是你的父母，不是你的闺密，永远都不是！所有人都要好好对待自己、陪伴自己、爱上自己。"

除此以外，老师还讲到关于感情、孩子教育等方面，让我收获满满。这堂课真的棒极了，心灵仿佛进行了一次彻底的洗涤。

感恩张德芬老师，感恩所有人。

Grace 点评：嘉丽所经历的故事如梦似幻，心路历程让人特别震撼。我的感触颇多。

1. 无论身处何种境况，我们永远不要放弃对美好的追求。她在生活的重压下，仍然像一株在黑暗中努力生长的小草，直到有一天，让自己看到窗外的光和爱。人生的蜕变也从此开始。

2. 借用德芬老师的话："每个人的人生都是一个剧本，演得好与坏就看你自己了。有的人即使剧本再烂，也能演得很精彩。学会转念，才能活出全新的自我。"很显然，嘉丽活出了最精彩的剧本，祝福所有人都能如此！

敞开胸怀，迎接宇宙所有的礼物

分享者：杨君芳

微信：shalan90731

【导读】宇宙是那么的丰盛，你想要的一切，无论房子、车子、爱人，甚至金钱，都已经存在了，你唯一需要做的就是调整自己的振动频率，让自己的思想聚焦到你希望显化的生命体验上。敞开胸怀，迎接宇宙所有的礼物！

曾经，我对金钱特别匮乏。记得小时候，有几元钱就好像拥有了这个世界上所有的财富似的。

在我的记忆中，从小到大，钱没少让我的父母发愁。我最害怕的事情也是开口向父母要钱。对于金钱，我从来不敢要，也不会主动去要，更不知道如何打通自己的财富管道。

印象深刻的是，学习秋恺老师的 A. S. K. A. 课程时，我第一次了解到：宇宙是那么的丰盛，你想要的一切，无论房子、车子、爱人，甚至金钱，都已经存在了，你唯一需要做的就是调整自己的振动频率，让自己的思想聚焦到你希望显化的生命体验上。敞开胸怀，迎接宇宙所有的礼物！

得到这份启发，我第一次抛去对金钱的匮乏感，尝试着跟宇宙下了一份关于金钱的订单：

> 宇宙啊，我要一天就能得到一千元的被动收入，月薪在一万元人民币以上。请为我移除阻碍这件事情的思想信念与行为模式并以你认为对我最好的方式将它实现，谢谢你！

坦白地说，在下订单的时候，根本想不出会有什么方法可以一天让我获得一千元。

上大学的时候，我有一位特别好的朋友，我曾经送给她《秘密》这本书。毕业后，大家有着各自的工作，离开学校快两年都没有见过面了。突然一天早上，她发微信给我，分享她对于吸引力法则不经意地尝试并心想事成的故事。

她的分享如下：

> 我说要吸引 50 元钱，当时我根本想不到可以多获得 50 元的方法，我在想看看能不能实现，唉，不管了，交给宇宙吧！结果，过了两天，我以为没戏了。突然，单位有个姐姐调到团省委去了，她觉得有件衣服很适合我，当时我拿到那件衣服也没在意。回去之后居然发现衣服兜里有一张 50 元的崭新票子，我跟她说起这件事情，她说拿去请我吃水果……哇，我简直不敢相信，宇宙竟然以这样的方式来实现我的目标，真是太有趣了！

然后，我俩就开心地聊着天，她说特别感谢我送给她《秘密》这本书。

我说我现在就在学习关于吸引力法则的课程，我们一起的伙伴们心想事成的速度都非常快。

她说："哇，那你现在每天是不是过得很幸福?"

我说："是啊，我现在做着自己喜欢的事情。我也特别强烈地推荐你也学习这个课程。绝对是物超所值，一定不会让你失望的。"

可能因为自己是真心实意，也或许是边际效应起了作用。她二话没说，就报名参加了 A. S. K. A 函授课程。才几个小时，自己很快就收到了一千多元的被动收入。因为自己的起心动念是良善的，付出的同时也有了收获。开心快乐的同时，好的金钱能量还在继续前来。

有朋友来咨询，第一次遇到交谈不到五分钟就付款了。咨询后，还发了一个红包给我，被动收入四百多元。没想到不经意之间，自己下的一个订单竟然以如此轻松的方式实现了。

关于人生志业：

曾一度不知道自己真正喜欢的是什么，特别渴望找到自己的人生志业，并全身心地投入其中。

所以对于人生志业自己也下了一份订单：

> 宇宙啊，我要我的事业符合以下几个条件，若有比这个更棒的也行：做自己擅长的事情，做了会很开心的事，能帮助很多人的事，值得付诸终生的事，能赚到很多钱的事。
>
> 请为我移除会阻碍这件事情的思想信念与行为模式，并以你认为对我最好的方式将它实现，谢谢你！

这在当时的我看来，真的很难实现，因为自己身边既没有资源，也没有人脉关系，简直毫无头绪。

后来秋恺老师推出九数能量学一对一咨询，看了一段时间老师的文章后，觉得这门学问真是神奇。

我告诉自己：这不是十分符合我的心中所期望的吗？所以我很快就报名了。

咨询过后，简直太颠覆我的认知了。我彻底认清了自己的天赋才华。人际关系、健康、财运等隐藏在我身上的秘密，仿佛一夜之间找到了生命的密钥，兴奋不已。我不禁感慨：活了二十多年，居然还比不上这几十分钟。

当时，我想自己要是也能学到这门学问就好了，不仅可以更加了解自己，而且也能帮助很多人啊。没想到几个月过后，秋恺老师就公布要开课，专门讲九数能量学这门学问。从看到这个消息开始，我认定这就是宇宙给我的灵感，就从心里认定自己要去参加。不管这门课程的价格是多少，我一定会去上课。对于这点，我自始至终都没有一丝质疑和犹豫过。当然，因为当时自己的经济状况也没有那么的好，而且我也绝对不可能请求父母的帮助。所以，自己还是下了订单：

> 宇宙啊，我一定要去参加秋恺老师的九数能量学课程，请让这门课程的价格在我能够承受的范围之内，请为我移除会阻碍这件事情的思想信念与行为模式，并以你认为对我最好的方式将它实现，谢谢你！

课程的价格是在开始报名的那一刻知道的，当我看到的时候，心里超级激动。因为价格和我预期的其实差得不多。

2015 年的国庆节，我如愿以偿地参加了九数生命能量课程，这也是我开始慢慢明晰人生志业的一个起点。越深入地学习，就越能够体会其中的价值。更未曾想到，老师后续一路的创业培育计划，都在让我一步步接近自己曾下过的订单。

目前，练习过的九数能量表早已过百，对外咨询的人数也有几十人，自己当时付的学费也赚回来了。最重要的是，我找到了自己的人生志业。而这个人生志业，居然完全符合自己曾经下过的订单。

经历了这些美好的故事，我只想告诉大家：只要你真心想要，不管那是什么，描绘于心，刻画于心，终将实现。我想要的，宇宙都给了。我知道，只要我真心想要，全宇宙的资源都会集中起来为我实现梦想。

未来之路，我还想要更好的，我也值得更好的，我会愿意为更好的一切而努力。愿你我都能敞开胸怀，迎接宇宙所有的礼物！

Grace 点评：君芳所经历的故事非常真实质朴，无论在何种境况下，她都勇于踏出改变的第一步，最终让人生产生巨大的变化，给我们很多启发。

1. 从对金钱的匮乏和对人生志业的迷茫，到慢慢相信宇宙的丰盛，逐渐意识到无论财富还是梦想，只要你勇于向宇宙提出要求，并付诸实际行动，就一定会收获惊喜。

2. 一旦清晰自己的目标，在订单显化的过程中，始终带着良好的起心动念，带着利人利己利灵魂的心态去面对所有的人和事，这样边际效应会无形中加速实现目标。

听见，幸福的声音

分享者：曹晓琪

微信：CXQ394866255

【导读】现在，我的内心变得越来越富足。我相信，我是被宇宙照顾得很好的小孩，宇宙总会帮我安排好一切，我值得过自己想要的幸福人生！

我是曹晓琪，做了近十年的财务工作，曾为香港珠宝集团的财务负责人，三个孩子的妈妈。2010 年，因照顾孩子辞职。随后，接触爱和自由理念，走向育儿育己、自我成长之路。从此踏上了学习"接纳自己、认识自己、爱自己"的美妙旅程。

在学习吸引力法则之前，2011 年我无意中看到王树老师在《透析童年》中提到了露易丝的《生命的重建》，这本书开启了我改变信念的历程。

虽然书里的作业没完全做完，但里面强调要讲正面的话对我有很大的启示，我对此非常感恩！在很长的一般时间里，我的签名档都是同样一句话：我的世界里一切都好！所以在不懂吸引力法则前，因为这本书的启发，我也无意识地运用了吸引力法则。因此我也有一些比较惊喜的心想事成故事。

吸引名校

2013 年，大女儿要上小学，我们在广州没有本地户口，要上公办小学，特别是要上名校，对很多人不是一件特别容易的事。即使有钱交赞助费，如果没找到对的人也毫无办法。更何况对于我们而言，根本没有什么教育界的熟人。

神奇的是，我一般很少在网上聊天，偶然一个机会我打开一个业主群，发现居然有人在聊上小学的事，有个人说到时可以找他帮忙。

从一开始，我的目标定在一家省级公办小学，一方面学校硬件条件不错，另一方面到学校有直达公交车，心想以后女儿长大点，也可以自己坐公交车上学。

准备报名期间，也有其他人帮忙报另一家学校，也是名校。不过因为交通不便，我内心并不是很渴望，但因为想尽快定下来，也交了钱去办理，结果却被退回，说条件不符合，没法办理。

然后我每天都和自己说，我要女儿顺利上到××小学。很神奇的是，最终我们顺利在这家学校报好名并入学，我真的好开心、好感恩！

考取驾照和获得广州车牌号

2013 年，报名考驾照时，考试方式恰好改为电脑考试，难度要大很多。在广州，很多人都要考很长时间，考一两年都很正常，有的人甚至更久。但是，我每天告诉自己：我会很顺利、很容易考到驾照。

通过自己的努力，很幸运的是每一次考试我都过关了，最后路考还碰到一个很好的考官，结果不到半年就通过了全部考试拿到驾照。

同时，我还一边观想，我要有自己的小车可以开。可是，广州的车牌需要摇号，毫不夸张地说，很多人几年也没摇到。

我当时想，我要是拿到驾照时就能摇到车牌号就好了。事实上，我拖了很久才上网登记资料。很神奇的是，第一次摇号，我就中签了，我刚拿到驾驶证的时候也有车牌号了，老天真的对我太好了。

回想这些事，当时的我虽然不懂得向宇宙下订单，但是我的确做了，而且我的信念也相信我可以，非常感谢！

2014 年 5 月，我去听了王树老师的一场公益讲座，重新点燃起我要成长的斗志。所以，自己一有空就上网找资料学习！虽然带着三个小孩，可是我想学习的心很急切，经常是小孩午睡了自己也不舍得休息，就找资料学习。

偶然的一次机会，在一个妈妈学习成长群中看到一个叫橙妈的人介绍一个教公益苏菲舞的老师，我就去找了那位老师的博客。

在翻看到她几年前的一篇文章时，我看到关于心想事成的课程，我搜索百度找到了秋恺老师的博客，看了不到几篇文章，凭着直觉就报了函授课。还好我听从内心，虽然不是好学生，才学了一点点皮毛，但已经收获非常多，所以我下决心，还要继续学透。

人生志业

2015 年 1 月，我开始学习秋恺老师的吸引力法则函授课程。第一周课程中提到人生志业，我写了做翡翠珠宝类的。

那么什么是人生志业？它通常是自己很喜欢做的事，自己很擅长做的事。能赚很多钱的事、能帮助人的事、能让更多人幸福的事。

3 月参加青雅的"生命蓝图"课程，一天禁语，一天打坐，接收很多灵感。

我描绘出来的生命蓝图也是做珠宝类的设计及展示等。用一句话概括：我在全世界一边旅行，一边在各个优美环境中展现美好的翡翠珠宝，也和人们一起跳舞、学习。

到了 4 月，我做了老师的一对一咨询，得知我九数信息表中的先天智能最高的是创意、艺术、想象、设计。这让我好惊奇，直觉告诉我这不可能，因为我是做财务的，怎么也不可能和艺术类搭上边啊。

后来，听了老师的详细解释才明白：

原来翡翠珠宝类也是属于艺术类的。而我从没学过翡翠珠宝等专业知识，以前也很少接触，可是我就是凭感觉来看翡翠和修改师傅做的模型，原来这是我先天就具有的智能。

从九数信息表看到的信息和接收灵感所描绘出来的生命蓝图是一致的，再加上珠宝和身心灵都是我喜欢做的事，现在我已是九数能量解读师，可以为有缘的人做灯塔，几样事都可以结合起来做，太开心了！

而且我先生也有资源拿到第一手原料价，我们自己加工珠宝，从质量和价格上都可以为更多人提供优质又实惠的珠宝，还可以定制每个人都不同的开运吉祥珠宝，所以这是我的人生志业。

自从上了九数课后，我发觉对我原先写的生命蓝图，如可以去各地旅行、上课等，已经在实现。

而关于舞蹈，好多年前我就觉得拉丁舞好好看，而在刚刚的这个 5 月，小区就有拉丁舞老师开了新舞蹈室，报名很优惠，我的小孩也在 5 月开始上学了，这样我就有时间去上课。报名时我还意外的中奖了，另外赠送了五个月的课程，一切都太完美了。宇宙早早帮我安排好了一切。

关于财富

对于财富，我受原生家庭的一些观念影响，总觉得买东西要看实不实惠，要买便宜点的，要省着花。以前会经常根据价格来决定买不买，最后总买一些可以接受价格但并不真正喜欢的东西。

自从学习了吸引力法则之后，我明白了我这是匮乏，有不配得到的信念。现在我在清理这个信念，也在学习爱自己。

现在很多时候都是凭感觉来决定，越来越敢于为自己花钱。这个宇宙是丰盛的，你只要真心想要，它都会给你。

2014 年下半年，我在微信朋友圈发了少量的珠宝图片，也陆续有客人订货。到 10 月，有客人向我预订一件几万元的货，这个金额在我开始做微商时算比较大的，我当然想顺利接下订单。

通常而言，对于翡翠原料，有时要有缘分才能找到合适的，要平靓正的通常找的时间会比较长。

神奇的是，最终我真的通过一个特殊的渠道，得到一手又好又便宜的原料，让我的客户很满意，让我也实现了比较多的收入。

而在报名"九数生命能量学"师资班时，因为学费超出我的预算，虽然我是有足够的钱来付，但是内在的匮乏感又出来，就又犹豫不决。通过清理，我还是很想参加，就毅然报名付款。然后我就下了一个订单：我要在下个月将学费和去上学的一些支出都能赚回来。

宇宙真的没有让我失望，当时出现了一些又漂亮又低价的货源，同时又有一些许久不联系的朋友突然想要购买。要知道有时做翡翠生意要有缘分，特别是手镯，其价格、眼缘和大小，少一不可。而当时就是刚刚好。朋友们买得开心，比在商场买要实惠很多，而且保证是天然 A 货。我也很快将学费赚回。

现在，我的内心变得越来越富足。我相信，我是被宇宙照顾得很好的小孩，宇宙总会帮我安排好一切，我值得过自己想要的幸福人生！

回头一看，过去的十年，特别最近这五年，人生的经历、成长，往事如烟，我一边带着三个小孩，一边学习，还一边工作。已经不记得多少次，先生加班，我陪着小孩睡着了，半夜十一二点才起来，一边听着上课录音，一边洗碗。

天生工作狂的我，家里有三个小孩的生活已经排得好满，可是仍然将工作列为一部分。想想这两年的日子，真是有点疯狂。

谢谢我自己，谢谢我的先生和家人。谢谢成长路上的贵人、恩师、同学等！我相信，我的美好生活又上了一个新台阶，新的人生已经开始！我愿做人生路上的灯塔，照亮幸福之路，将爱和幸福传递给更多的人。

如今的我，每天都活在真正的心想事成中，时刻都能听到幸福的声音，深深感恩宇宙无限的恩典！

Grace 点评：这些年晓琪带着三个孩子在追求自我成长的道路上，经历很多难忘的事，让我们感受到吸引力法则强大的魔力。同时，也让人感慨万千：

1. 晓琪在没有接触吸引力法则之前，也曾吸引到诸如理想的学校，顺利拿到驾照和车牌号，等等。我们可以看出吸引力法则运作的规律：适当的观想，保持良好的感觉和积极行动，自己想要的一切才会被吸引到生命中。

2. 吸引力法则跟宇宙下订单时，我们需要看清内在的真正需求，是出于内在的匮乏、恐惧还是喜悦。因为吸引力法则重要的核心部分在于感受和信任，而不是你的订单和口头的意愿。只有当你活出了真正丰盛喜悦的状态，懂得臣服宇宙的安排，你梦想的生活才会恰如其时地显化出来。

幸福，总在风雨后

分享者：文兰

微信：a13769165761

【导读】随着对吸引力法则的深入学习，我了解到聚焦负面思想会给人生带来的可怕后果。所以，我开始学习时刻觉察内在最真实的想法，改变不合理的认知信念，并由此一步步踏入身心灵成长的旅程。

结缘《秘密》

很多年前，我一位天津的老师无意中跟我提起过吸引力法则的神奇力量，并给我推荐了风靡全球的电影同名书《秘密》。

然而，我买回来之后，大概翻看了一下，发现整本书就是描述心想事成，我隐约觉得并没有作者写的那样简单。坦白地说当时真的没有太大感觉，没有老师描述的那样震撼人心。

尤其跟那个年代红极一时的励志演讲家陈安之、安东尼·罗滨孙等人的书比起来，更没有丝毫吸引我注意力的地方。

所以，我就随手丢在书架上，再也没看过一眼。

有一天，我跟一个做外贸的朋友聊天，不知道怎么就提到了《秘密》。她听说我有这本书，就说自己不买了，直接把我的拿过去看。

看完书后，朋友跟我反馈说，自己和儿子一起看完的，儿子觉得书中的内容太好了。他们俩非常兴奋，准备用书中的方法来吸引生活中自己想要的事物。

要知道，当年朋友的儿子才 9 岁左右，我非常震惊，为什么一个小孩都认为这是一本好书呢？带着这份好奇心，我决定把书放在床头，有空的时候重新再读一遍。

后来，还发生了一件让我很惊讶的事情。

2009 年，我们老师组织了一场同学聚会，老师带了二十几张《秘密》光碟，赠送给到场的同学们。

这件事情让我觉得，这肯定是一本有价值的书，不然老师为何大力推荐呢？于是，我又重新认真读了一遍。不过，这一遍看下来，我觉得有一些道理，凡事都朝好处想总不是坏事。

此时，我仍然只是把《秘密》当作是一本调整心态的参考书，不觉得它跟身心灵成长有任何关系。

然而，自从认真阅读了《秘密》之后，我的内心发生了奇妙的变化，仿佛打开了一扇通往身心灵领域的大门，一发不可收地读了很多书，比如张德芬的、李欣频的，还有一些国内外灵性成长的经典著作。

2010 年左右，我认识了秋恺老师，开始学 A. S. K. A 函授课程，印象深刻的是前几周跟宇宙下订单的部分，让人热血沸腾。后面章节中，记得零极限清理我用得比较多，效果也很不错。此外，我还经常听秋恺老师的免费 YY 录音，收获也特别大。

老师分享中介绍的书，比如《每周工作四小时》《当和尚遇到钻石》等，我全都买来看了。慢慢地，生活中也开始有了不少心想事成的经历。

然而，当我认真研究《秘密》和吸引力法则之后，回头看自己过往的经历时，感慨万千，不得不惊叹于吸引力法则的强大力量。

当然，这不仅仅包含那些让人心生欢喜的开心故事，也包括那些惊心动魄的往事，还有那些一直没想到会发生，却全都不偏不倚地被我吸引过来的事情。

先跟大家分享一下我在保险业多年的工作状况和经历吧。

让我欢喜让我忧的保险业

我是 1998 年进入保险行业的，几乎各个岗位都做过，如业务员、业务主任、经理、区域负责人，岗位涉及内勤、业务和管理等。

我在这个高速运转的行业里，摸爬滚打了近 10 年，每天的生活就是像只陀螺一样，拼命地工作和赚钱。

同事之间很难有心与心的交流，因为大家每天都疲于奔命为成交和业绩而奋斗，更别提结交志同道合、同频共振的朋友。

唯一的成就感，来自于每次业绩表彰大会上，自己作为优秀员工接受所有人赞美的那一刻。

在这样的高压工作状态中，我的神经一直绷得特别紧张。

有一次，我正在开车，电话突然响了，但发现自己竟然在半睡半醒中开车。这样的状况还不止一次，生活中每天都充满了恐惧、担忧和极度的不安全感。

随着这种身心状况越来越糟糕，我曾不止一次设想过，一定要找个充分说服自己的理由，头也不回地离开这个让我欢喜让我忧的行业。

然而，因为自己的这个意念，宇宙在我毫无准备的情形下，突然给我安排一场惊悚无比的人生画面。

遭遇可怕车祸

2007 年，我有一个定居瑞士的朋友，一家四口准备回国居住一段时间。

一天晚上，我们一家三口，瑞士朋友一家四口，还有另外一个朋友一家三口，三家人相约开开心心地聚会吃饭，然后一起洗桑拿。

当天原计划在宾馆休息，结果那里实在太吵，我们便临时决定回家。

为了避开市区的红绿灯，我们绕到环城路。结果刚走了一段高速，我的车子"砰"的一声，突然毫不设防地钻进了一个大货车的肚子里。

撞车时，我脑子一片空白，完全没有意识到发生了什么事情。

事故发生后，我脑袋格外清醒，惊讶地发现副驾驶部分被全部挤进了大货车的下面，已经损毁得不像样子，车门根本打不开了。

而驾驶位置刚好露在大车外面，当时是我负责开车，除了被方向盘剧烈撞击到胸部有点疼痛以外，没有一点皮外伤。

很幸运的是，通常情况下，我开车的话先生习惯坐在副驾驶的位置上。恰巧那天晚上儿子有点困，他就坐在后排让儿子躺在他腿上，也因此躲过一劫。

我第一时间问先生和孩子是否安好，先生的身体有一道 10 指长的伤口，儿子毫发无损。

感恩老天，让我们一家三口死里逃生。那一刻，我下定决心要离开保险行业。

一直以来，不是没想过要离开，而内心总是被恐惧和不安占据着，非常担心离开后一切都归零：团队没有了，客户没有了，高薪的收入来源也失去了。

总之，一直没有找到一个说服自己离开的理由。这次车祸，便成了合理合法的理由。

于是，我立马给上司打电话告诉他我出了车祸。这位上司也许是上天派来的天使吧，接到我的电话后，他既没有问我们的伤势如何，也没问是否需要帮助，更没有讲任何安慰的话语，只淡淡地问哪天可以回来上班。

我当即决定立马辞职，三天之后，我果断离开了工作多年的保险行业。

那种自由自在、轻松无比的感觉，至今仍记忆犹新。

我是 2007 年接触《秘密》的，当时对吸引力法则感触还不是很深。当 2008 年开始学习吸引力法则之后，我多次回忆，为何会出车祸？我非常惊讶地发现这一切竟然都是自己吸引来的。

发生车祸当晚，大概 10 点半，当时我一点也不困，并且全程都聚精会神的。

但很奇怪的是有几秒钟时间，我眼前一片漆黑，就像失明了一样。怎么钻进大车下面的，自己毫不知情，也根本没法回忆起来。

事后，好多朋友问是不是喝酒了，还是太累了，走神了？答案都是否定的！只有自己的内心知道，有一个隐藏得很深的理由：

首先，回头观察那段时间自己的思维模式，发现内心深处始终充斥着无奈和不安。我一直在寻找一个无怨无悔的理由，让自己心甘情愿地放弃所有，离开保险行业。

此外，我经常担心诸如此类的问题：千万别追尾，千万别钻进大车下面，因为我曾经亲眼目睹了很多类似的惨剧，内心充满了极度的恐惧。

吸引力法则运作的结果就是：越担心，越吸引！

随着对吸引力法则的深入学习，我了解到聚焦负面思想会给人生带来的可怕后果。所以，我开始学习时刻觉察内在最真实的想法，去除瑕疵性的信念系统，并由此一步步踏入身心灵成长的旅程。

红酒淋透了心爱的裙子

2013 年，我在一家互联网公司昆明分公司当老总。有一次，我们在成都招待客户，当时饭局有好几桌。当天，坐我右边的是我的顶头上司，公司全国的运营总监。坐我左边的是一位 30 多岁的美女客户，吃饭的时候，她一直拿红酒杯子不停地晃动，大概是想看红酒是否挂壁。

当时，我特别担心她的红酒会晃到我身上，因为我穿着一条新买的杏黄色特别显气质的裙子。我一直往右边闪躲，可右边是我们老总，根本没地方躲。我在心里不断地祈祷：千万别把红酒晃到我身上啊，拜托你能不能不要晃动酒杯啊？结果，谢天谢地，她终于放下了酒杯，我的心也落地了。

谁知道，吃了 20 多分钟之后，她拿起酒瓶站起来给大家倒酒。不知道是被人碰到，还是被服务员不小心撞到，结果那半瓶红酒压根就没倒进酒杯，直接顺着我的肩膀淋遍了全身。瞬间，身上那条很昂贵的漂亮裙子就这样被红酒糟蹋得不像样子，我清晰记得当时自己沮丧、愤怒极了，恨不得抽自己几个耳光。

我明白：这一切，都是被我脑海中的恐惧和担心吸引过来的。这是让我又一次体会到错误运用吸引力法则所带来的可怕经历！

如果当时尝试运用零极限清理或者观想更好的画面，也许结果完全会不一样。

沾上油的磨砂皮鞋

我有一双红色磨砂皮的鞋子，是自己特别喜欢的。刚买第二天，我就开始担心：

这个鞋子的表面不像一般的皮鞋可以擦鞋油进行处理，一旦弄脏了，需要送到保养鞋子的地方，用专用的鞋粉进行清理。我在心底反复念叨：千万不要掉难以清洗的东西到鞋上啊！

有一天，正在吃饭时，我又想起了鞋子不能被弄脏的事情。

结果，一块肉恰好落在右脚大脚指头的位置，瞬间鞋子被弄脏了一大块，泛着油光，特别醒目，根本没法处理。

这双鞋子一直放在鞋柜里，过了很多年，鞋面有些褪色了，那块油渍稍微淡了一些，偶尔还可以穿一下。

你看，吸引力法则就是这么神奇，你聚焦什么，它就帮你显化什么，并且速度快得超乎想象。

这么多年，我曾吸引到这么多不想要的事情，也从一个侧面证明自己运用吸引力法则的能力还是很强大的。

最后，跟大家分享一下正面的见证故事吧。

成为秋恺文化的 CEO

一直以来，我的个性比较被动，不太喜欢跟人互动。

虽然成为秋恺老师的 A. S. K. A 函授课程学员很多年了，但是在幸福人生大家庭 QQ 群里，我很少与人交流分享。主要也是因为当时工作特别忙，所以除了老师，我几乎不认识任何人。

但是，认识秋恺老师这么多年以来，我非常欣赏他的人品。

他一直给人感觉特别踏实，不花哨，不像很多身心灵老师整天讲一些天花乱坠的大道理，让你根本无法落地执行。秋恺老师刚好相反，他的函授课程、YY 分享教的方法都是自己亲自验证过有效果的，并且都是可以落地的。

某天，我脑海里突然闪现一个念头：要是哪天能跟秋恺老师合作该有多好啊！而这个念头也只是一闪而过，也就放下了。

后来，看到群里有人说他结婚了，我就在 QQ 给他留言表示祝福，才开始有一点互动，但几乎也没怎么聊过天。

2015 年 9 月 4 日，我请秋恺老师帮我做了一对一个人咨询。

咨询的过程中，我问秋恺老师："老师，请问你觉得我适合干什么呀？"

老师没有立即回答，反问我说："你觉得自己适合做什么呢？"

我说："我觉得可以做跟你一样的工作，我可以跟你合作吗？"

老师笑了，他说："当然欢迎你跟我合作啊，我也觉得你很适合呢！"

大概 10 月，秋恺老师就推出第一期九数生命能量学的师资培训课程，当时由于我正忙于出差，所以我参加了 11 月第二期的九数课程。

记得上课期间，我依然还是很被动，不喜欢主动跟同学互动，大多数时候是别人找我聊天交流，没人找我就一言不发。课程进行间隙，老师邀请新学员上台分享，我鼓起勇气上台了，具体讲起些什么我都记不清了，但台下同学给了我阵阵掌声，我无比开心。

后来，我参加了 2016 年年初武汉场九数的复训。

秋恺老师当着全班同学面公开邀请我担任秋恺文化 CEO（首席执行官），说正在等待我在适合的时候离开原来的公司。我当时非常惊讶，因为我私下从来没有跟秋恺老师说我要去他的公司工作。在我看来，如果别人觉得你很好，会主动来找你的。要我主动开口要求，是无论如何说不出来的。

武汉场课程结束后，我意识到老师一定是玩真的了，否则也不会当众说出这件事情。

由于我在北京这家公司有一些自己的股份，还有很多千丝万缕的人事关系，所以一时半会儿没法离职。

到了 4 月 22 日济南场九数开课前，我终于办理好了一切离职手续。

但是，辞掉工作的事情我没有跟任何人提到，包括秋恺老师。

直到济南课程结束，我邀请晓玉等一群人爬泰山，他们才知道我已经辞职了。

秋恺老师回到台湾后，发微信问我："兰姐，你辞职的事情，为何我是最后一个知道呢？"

我很坦诚地回答说："老师，其实我没有要刻意隐瞒你的意思，我只是觉得如果你真的需要我，一定会来找我的！"

后来，跟老师聊了很多。最终，秋恺老师向我正式发出邀请加入秋恺文化，担任 CEO，负责 A. S. K. A. 函授课程、"九数生命能量学"、一对一咨询等公司所有业务工作。

我是 2015 年 9 月参加秋恺老师一对一咨询，到 2016 年 5 月 5 日接到老师的正式邀请，只有 8 个月的时间，梦想就变成了现实，心想事成的速度还是非常快的。

回想当初我人生志业的订单，想从事一份自己真心喜欢，又可以成人成己，跟身心灵相关的工作，如今看来，一切都完美得无以复加。

深深感恩宇宙的馈赠，感恩人生道路上，能遇到秋恺老师这位良师益友，让我过上了梦想中的幸福生活。

有时候，我们不得不相信：幸福，总在风雨后。

祝福所有朋友都能正确运用吸引力法则的神奇力量，得到自己想要的幸福！

Grace 点评： 兰姐所经历的人生故事跌宕起伏，尤其是错误运用吸引力法则的那些难忘心路历程让人特别震撼。我们不得不深思：

1. 宇宙永远只会响应你内心的真实感觉：当兰姐在压力重重的保险行业身心俱疲的时候，她想到了离开，可现实的诸多阻力让她不敢轻举妄动：放不下带领多年的团队，那些忠实的客户，还有外人无比美慕的高薪收入。然而，她内心一直在渴望一个让自己能心甘情愿离开的理由，而这个理由必须强大到让自己没有后悔的余地。于是，宇宙就安排了这样一场惊险的车祸，这一切也都响应了她内在真正的感受。

2. 吸引力法则不分正负：所谓正面和负面的人生体验，其实都是我们大脑人为贴上的标签。对宇宙而言，万事万物都是中立的。所以，兰姐不管吸引负面还是正面的事情上，功力都是非常强大的。而深入了解和学习吸引力法则之后，她懂得了宇宙的运作规律，从而调整自己的内在振动频率，始终把焦点放在真心想要的事情上，从而人生发生了惊天逆转，轻松吸引到跟秋恺老师合作的美好愿望。

3. 一切的发生都是来祝福我们的：不管是我们看来心想事成的美好故事还是那些不堪回首的人生经历，对宇宙而言，都是符合我们最佳利益的，也都是来帮助我们成长。所以，任何时候，我们都要学会不抗拒，臣服已经发生的一切，从而才能真正活在人生的顺流里。

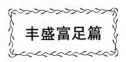

招财猫养成记

分享者：——

微信：**yimin204**

【导读】现在我明白，那是因为我拥有了驾驭更多金钱的能力，所以我才会
拥有更多的金钱。我现在不再抱怨我没钱了，在花钱的时候也总是
带着好心情。

我毕业于非典肆虐的 2003 年夏天，在外面游荡了一年后，开始了我的北漂
生活。

每天坐车上班的时候，都会幻想我理想的工作应该具备以下条件：时间自
由，离家近，工资高，自己喜欢。

我想宇宙一定听见了我的声音，很快我的工作时间慢慢变得有弹性，一切都
在变得好起来。

2011 年年底，我和朋友一起吃饭时，聊到一些机会，吃完那顿饭，我们就决
定要自己创业。

从此，我可以每天在家办公，想什么时候出去玩拎包就走。只要有网络、有
电脑，什么工作也不耽误。

我在老家也装了宽带、买了电脑，这样就可以有更多的时间过我喜欢的乡村生活。

吸引力法则让人生悄然改变

2014 年 9 月，我又在老家住了一个月。

一天，偶然在秋恺老师的一个群里看到《秘密》电影的视频，看到了那句触动我心灵的话：

"你生命中的一切，都是你自己吸引来的。"

原来在我还不知道吸引力法则是什么的时候，它已经在我的生活里起作用了，这句话引发了我的思考。

这些年工作和生活虽然是一个向上的发展态势，可是我经常不太开心，会莫名其妙地发脾气。

尤其是创业这几年，脾气又暴躁了很多，压力非常大。每天睁开眼第一句话就是：今天最少得赚 5000 元，要不这个月就亏了。

身体也开始和我做斗争，腰酸背痛。代价还真的挺大的，很多创业的朋友可能都有跟我类似的经历，我们表面上可能还算光鲜靓丽，可是实际上，却有数不尽的烦恼。

我想既然吸引力法则真的存在，是不是该做点什么，让它为我所用呀？于是，跟秋恺老师报名了 A. S. K. A. 函授课程。

两年下来，我觉得最重要的就是要实践。因为一门课程再好，如果你什么都不做，那对你来说也是没有什么意义的，我实践了，所以就有了很多收获。

这里主要分享一下我在金钱方面的感悟和心得，还有一些可以落地的实战方法。

关于下订单：

尽管狠狠地跟宇宙提要求吧，就算在当时看来很不切实际，也是有机会实现的。

2014 年 10 月，我在一篇日记中写下了我要每月挣 10 万元，年收入达到 7 位数。那时我最多的一个月也不过 3 万元，可我还是无所畏惧地写下了这个数字。竟然脑海里也没有什么"小声音"告诉我不行，因为我也没说什么时候实现，就是想先达到这个数字再说。

2016 年 3 月的时候，我大概盘算了一下，下半年就有望实现。我选择用赚来的钱继续投资，手边不留什么现金，让它们滚动起来去钱生钱，基金、股票、保险、P2P（互联网借贷平台）、微商、工厂，已经形成了一个良性循环。

所以，今年我就可以把这个订单给签收了，用了差不多两年的时间。

宇宙对我们的爱，比我们自己爱自己要多很多倍，它总会给我们创造惊喜。

比如我想要的房子，要满足这几个条件：交通便利，附近有花园或者广场可以去运动，靠水，带院子，可以在院里搭个秋千架，铺一条鹅卵石的小路，种几棵树，养点花花草草，还可以种点菜，最好是别墅，两层或者三层。

5 月底的时候，我在老家买了一套房子，除了不是别墅，其他的条件都满足。

我之前看的一套别墅总价是 470 万元，而我买的这个房子总价是 40 万元，所以我用不到 1/10 的价格，拿下了一个符合八成以上条件的房子，而且感觉自己一天内凭空赚了 400 多万元，非常的开心，因为我可以再买下那个二层，当别墅一样住，又省了一笔未来的支出，可以继续投资到工厂里去。

当然，关于收入的订单也可以循序渐进，比如现在月入 5000 元，你可以写 8000 元或者 1 万元，等它实现了再下新的订单，这都是很灵活的。

我的经验是，所下的订单不要太小了，最好是你努力一下可以够到，这样会让你更有动力。

加速订单实现

订单也下了，怎样更快速地实现呢？

第一，观想你的钱宝宝。

观想之所以有效，是因为观想可以在心中产生已然拥有那些美好的事物的感觉，对于金钱来说也是如此。

你可以观想你拥有了 1 亿美元后正在做的那些事情，你住在什么样的房子里，开着什么样的车子，正在享受着一个怎样悠长的假期，正做着什么样的工作，反正你已经拥有它们了，不妨想得细致一点，做到身临其境，甚至你还可以观想你的钱宝宝是长成什么样子的。

自从一年前被朋友取名"招财猫"称号后，每次我想到金钱，就有一只可爱的招财猫浮现在眼前，所以我把它和我的照片合成在一起做头像。

每次看到就会很开心，而这种感觉又强化了我和金钱的链接。

你的钱宝宝是什么样子呢？它或许是个小娃娃正在扑向你，或许是个金灿灿的圆球球正在滚向你……

发挥一下想象力吧，它可以是任何你喜欢的样子。

2015 年 11 月，我在江阴自己投资的袜厂里干活，机器声嗡嗡地很响，我脑海里便出现了这样一些画面：

40 台机器摆满了车间，工人也到位了，我们有很多订单，大家都在忙碌地干活，每个筐里都整齐地摆满了袜子。

接着，我就开始在车间测量每台机器的空间，还去找厂长询问怎么摆放机器会更合理，每个人可以同时看几台机器，是横着还是竖着。和他确认以后，我脑海里的那些画面就更加清晰，我甚至能看到他们忙碌的身影。

2016 年 1 月 18 日，40 台机器终于放满了车间。

春节过后不久，就收到工人们热火朝天工作的照片和视频。那些画面，就跟我当时想的一样。这几个月是淡季，我却总听到工厂传来的好消息，我们的订单多得做不过来，有时候还要挑客户。

我观想得都很真实，当我在车间里迈步的时候，想着那一排一排的袜子，就是一堆一堆的钱呀，那些源源不断的订单，结算后有怎样的一笔钱进账，感觉棒极了。

所以只要你高兴，什么时候都可以观想，最重要的是想象你已经拥有它们的美好感觉，而不是想着它什么时候可以实现。

假装自己已经拥有了，对它以什么方式呈现，什么时候给你呈现，保持敞开状态，因为那是宇宙的事，宇宙爱我们，它会选择对我们最好的方式。

除了观想，另外一个可以加速订单实现的便是感恩了。

第二，感恩你的金钱。

《秘密》书说：感恩是让你的生命更加丰富的方法。

感恩可以让美好的事物倍增，它真的有这样的魔力，对于金钱同样如此。

所以，现在我每天都会感恩我的金钱。

我喜欢和钱打交道，喜欢做被钱喜欢的工作，过被钱喜欢的生活。

流动的金钱具有很大的能量，即便是收发红包这样的流动，也会让人感到很开心。而开心的感觉就是好感觉，根据吸引力法则，宇宙会让你有更多的好感觉。

为此，我做了落地练习，一个是感恩自己拥有的金钱，一个是列出自己的债务清单或者要偿还的金钱。

首先，我盘点了一下自己的金钱和资产，发现自己非常的富有，而且在每一项后面都加上两个字：谢谢。

比如拥有的房子和土地、工厂、基金、股票、保险、珠宝首饰、健康的身体等。

其次，还列了债务和偿还清单，在每一条后面都写上：谢谢，已还清。

比如新买房子的贷款、低息贷款、工厂每月开销、保险账单、信用卡账单、日常水电费用、电话宽带费用、基金和黄金定投、公益捐助、孝敬老人、丰盛交换、投资自己等。

所以，如果你也可以这样盘点一次自己的金钱和账单，相信你的内心应该会非常感动的，原来你是如此的丰盛富足。

其实宇宙早已为我们安排好了一切，而这种好感觉也会加速更多的金钱来到你的身边。

有了加速度，也要记得放刹车，这样会跑得更快，就是要释放掉一些限制性的信念。

释放金钱的限制性信念

日常生活中，很多人的脑海中都被负面的信念系统充斥着，在这里分享一下我对这些限制性观点的看法吧。

观点一：我现在没钱，当然没有钱来做理财。

实际情况是，越没钱才越要尽早开始理财，因为钱追钱比人追钱跑得更快呀！

观点二：我是上班族，只有工资，没有你那么多收入渠道。

其实，工资只是收入的一个来源，而我们的收入来源是可以多元化。比如租金收入、公众号原创文章赞赏收入、投资理财获取收益、爱好特长等都可以变成收入的来源。

比如我喜欢写理财类的文章，就经常有人来跟我询问意见，经常会有红包收入。

观点三：给家人孩子买东西，慷慨大方；犒劳自己？却觉得有点浪费。

我们不能给别人自己没有的东西，牺牲式的无限付出，只会降低自己的价值感。我们首先是作为个体存在，其次才是家庭中的一员，只有一个人可以陪你一直走下去，那就是你自己，所以先爱自己一点都不自私。

观点四：看文章还要付费？

为什么不呢，如果有价值，丰盛交换啊，不在于金额多少，关键在于自己给得起。

观点五：这个课程有用吗？

你得试试，小马过河，水深水浅怎么能问松鼠呢？下去蹚一下就知道了。

观点六：你有什么理财产品推荐吗？风险大吗？收益高吗？保本吗？

这个还真没有，银行都可以破产，谁能保证什么呢？风险与收益并存，说到底理财还是个很个性化、很私人的事。

观点七：你有钱，你天生就有理财的脑子，而我只是个小白。

你有时间强调自己是个小白，为什么不把这些时间用来学一点东西呢？

对于这些限制性的观念，我们要学会清理。

当那些负面信念的小声音蹦出来的时候，你也可以用零极限中四句箴言："对不起，请原谅我，谢谢你，我爱你"进行清理，会起到很好的效果。

附上我在梦想愿景板里关于金钱的超完美许愿文：

> 宇宙啊，我要我的月薪有20万元以上！
>
> 我的存款有1000万元以上！
>
> 我的身价有1亿美元以上！
>
> 我健康的身体是无价的！
>
> 我需要钱的时候总可以轻松得到，我允许金钱以任何合法的形式涌向我。
>
> 请为我移除会阻碍这件事情的思想信念与行为模式，并以你认为对我最好的方式将它实现，感谢你！

每当我自己读这段文字的时候，真的会感到金钱正在从四面八方涌向我，而那些限制性的想法，似乎也离我越来越远了。

跟随灵感积极行动

阿拉丁拿起神灯，拭去灰尘，结果冒出了一个巨人。那巨人总是说一句话："您的愿望，就是我的命令！"

阿拉丁是个一直在寻求帮他实现愿望的人，这个巨人就是吸引力法则。

你是自己生命的主宰，宇宙回应你的一切所求。那么我们是不是下了订单就可以在家躺着等它实现呢？下完订单，除了观想和感恩，带着灵感的行动至关重要。

我们总是要为自己的梦想做点什么，先迈出第一步吧，或许你就会发现，原来你那些瞻前顾后、患得患失的想法，其实限制了自己。你想要开始，一点都不难，难的是你得开始才行。

1999 年，我刚进大学，开始记下每一笔开支。记账的结果就是我掌握了自己收支，量入为出。

2006 年，我开始把赚来的钱拿出一部分强制储蓄，发了工资的第二天，我就把它们转入定期账户。

2007 年，我开始买基金、炒股。后来，我退出了股市，只保留了基金，而且是每月定投。

开始我每月收入的 1/10 只有 200 元，到现在翻了 50 倍。这些都作为闲钱被我保存了下来，可以用作未来自己的养老金补充或者子女教育金，而且是在不经意间完成的。

你可以尝试每月拿出你收入的 1/10，这基本不会影响你的生活，一到手马上把它们拿出来，用时间和复利，可以轻松用闲钱来完成大笔资金的积累计划。既然是闲钱，就轻易不要动用它们，当它们不存在吧。

2009 年，我有了自己的第一张寿险保单，保险是第一重防线，我更愿意把它当作心理安慰，有了它以后，我在投资和其他方面更加毫无畏惧了。

2011 年，在手头只有三万元钱的时候下海创业了。很感恩身边有一帮关系很铁的朋友，他们给了我很大的支持，包括资金上的支持，在每一次面临困境的时候，都有人向我伸出援手，有很多人愿意投资我。

2014 年 7 月，花了 7 万元把爷爷在北京留下的房子装修了，当时有些担心会影响我的现金流，可神奇的是，装修完我的钱不仅没变少，反而还开始多起来了，收入的渠道也变多了。

现在我明白那是我有了驾驭更多金钱的能力，所以我才会拥有更多的金钱，我现在不再抱怨我没钱了，在花钱的时候也总是带着好心情。

这就是我十多年"招财猫"养成的经历！

最后，我想告诉朋友们一个事实：我们都是宇宙的孩子，它爱我们更甚于我们爱自己。金钱的丰盛，你也值得拥有。祝福大家都能够拥有丰盛富足的人生。

Grace 点评：由于对金钱有着良好的感觉，并积极付诸行动，宇宙给了一一梦想中的一切：月入 10 万元，投资工厂，购买了梦想中的房子。实现了财务自由，时间自由，过着自己最喜欢的乡村田园生活。她的故事给我们很多启发：

1. 对金钱拥有正面的信念系统：对金钱保持美好的感觉，制作自己的钱宝宝形象，长期坚持记账，培养自己对金钱丰盛富足的意识。同时借助吸引力法则的力量，勇于跟宇宙下财富订单，随时清理限制性的信念系统，从而吸引到财务自由的人生画面。

2. 心存感恩并积极行动：感恩有着神奇的魔力，可以吸引到美好的一切，对于金钱同样如此。每天不断感恩生命中出现的金钱和财富，甚至账单，从而吸引到更多源源不断的财富之流。同时，坚持记账，研究投资理财渠道，主动布施，做公益，等等，强化自己与金钱的链接，从而吸引更多金钱和相关的事物。

做金钱的魔法师（《小狗钱钱》精编版）

分享者：——

微信：**yimin240**

【导读】财务自由并不是你拥有多么大一笔财富，而是靠金鹅下的蛋就可以
　　　　生活，并且还在继续养肥那只鹅。不需要工作来赚取生活费，这时
　　　　候生活成本可能也不需要多高，却可以有更多的时间做自己喜欢的
　　　　事，可以选择工作，也可以选择不工作，总之不会为了钱工作。

缘　起

《小狗钱钱》的作者是德国的博多·舍费尔（Bodo Schafer），这本书在我投
资理财的路上，有着很深的影响，是一本可以反复阅读的理财书。

这本书讲述的是一个童话故事，有一天，小女孩吉娅发现了一只受伤的猎
狗，并把它带回了家。很惊喜的是这只普通的四脚动物却是一个真正的理财
高手。

吉娅和小狗成了朋友，并从它那里得知：原来所有的愿望都是可以实现的。

从这个童话故事里我们可以了解一些金钱的秘密和真相，以及投资、理财的
方法。

时隔多年，当我重新阅读这本当初让自己热血沸腾、如今让我收获满满的经典著作时，竟然发现书中的很多理念与吸引力法则有异曲同工之处。

更开心的是自己在不知道吸引力法则的时候，已经在无意识地运用它了，并且拥有了从小期待的财务自由的人生。

做金钱魔法师的感觉非常美妙。

明确金钱的意义

金钱有一些秘密和规律，要想了解这些秘密和规律，前提条件是，你自己必须真的有这个愿望。

钱钱让吉娅列出十个想变得更富有的原因，然后用笔写下来，吉娅用了3个小时，列出了下面这个单子：

1. 一辆18挡的变速自行车。

2. 买所有想要的CD（唱片）。

3. 拥有向往已久的漂亮的运动鞋。

4. 可以经常给住在200千米外最好的朋友打电话，想打多久就打多久。

5. 夏天可以参加交换学生项目去美国，可以提高自己的英语水平。

6. 可以给爸妈钱，帮他们还清债务，好让他们看起来不再那么伤心。

7. 可以请全家去意大利餐厅吃大餐。

8. 可以帮助和自己一样不大富裕的孩子。

9. 黑色的名牌牛仔裤。

10. 一台电脑。

读到这里的时候，我发现这不就是吸引力法则中向宇宙下订单吗？

我曾写下了无数的愿望，关于房子、旅游、爱人、人生志业，当然还有金钱，逐条列举出来，那种感觉非常特别，有好多在不经意中实现了。

制订最重要的目标

钱钱要吉娅仔细看一下愿望清单，并把最重要的三条画出来。吉娅费了好大的劲画出了其中的三条：

> 1. 明年夏天作为交换学生去美国。
> 2. 一台电脑——最好是一台笔记本电脑。
> 3. 帮助爸妈还清债务。

钱钱说："大多数人并不清楚自己想要的是什么。"

你可以把生活想象成一座大的邮购商店。如果你给商店写信说，你想得到更多的东西，那么你什么都得不到。即使你在信中写道"请给我寄一些好东西来"，你依旧什么都得不到。

我们跟宇宙下订单时也是一样，必须确切地知道自己心里渴望的是什么才行，并且还要为此付出努力，这就迈出了关键的第一步：跟宇宙下订单。这三条是吉娅最大的愿望。

设计梦想相册

钱钱说："对于愿望，如果你只是带着试试看的心态，那么你最后只会以失败而告终，你会一事无成。你只有两个选择：做，或者不做。"

有了愿望清单，钱钱告诉吉娅，只要做以下事情就可以使她轻易地改变自己的想法：

第一，收集跟愿望有关的照片，制作自己的愿望相册。

第二，每天看几遍相册，然后想象着自己已经在美国了，已经拥有笔记本电脑了，还有爸爸还清债务后自豪的情景。

人们把这种行为称作"视觉化"，也是我们常提到的观想。观想之所以可以加速订单的实现，因为我们在心中创造了已然拥有那些美好事物的感觉。

吉娅闭上眼睛，想象愿望达成后的美好画面，心情非常美好。

钱钱说："你想象得越多，你的愿望就越强烈。那么你就会开始寻找机会来实现自己的梦想。机会到处都是，但是只有在你寻找它的时候，你才能看见它。"

使用梦想储蓄罐

最好的攒钱方法之一就是使用梦想储蓄罐。你要为自己的每一个梦想准备一个储蓄罐。一旦储蓄罐准备好，你就应当把省下的每一分钱都放进去。

吉娅照做了，她找到了一个装巧克力的盒子和一个雪茄盒，分别写上笔记本电脑和旧金山，并最终决定给每个储蓄罐里放进 5 马克。

学会量入为出

当听吉娅说增加零花钱可以解决问题时，钱钱告诉她，随着可支配收入的增加，问题只会越来越严重，钱的数目并不是决定因素，更重要的是我们应该怎么使用它，首先必须学会量入为出。

在这一点上，我还是很有发言权的，我就是量入为出的实践者。最开始记账，始于大学时代，资金有限，自己赚钱途径较少，那时候思路还不够开阔，除了做家教、卖贺卡这样的事情，其他都没怎么尝试过。

也就是这简单的量入为出，让我在资金很少的年代里，还有钱拿来理财，从此开启了属于我的财务自由之路。这便是一件小事引发的蝴蝶效应吧。

神奇的成功日记

当妈妈发现了吉娅的梦想储蓄罐和计划后，并且里面分别只有 5 马克时，奚落了她，让她心情特别糟糕。

好友莫尼卡安慰吉娅："也许你没办法从别人那里拿到钱，但是连试一下都不愿意，总是先想什么事是做不成的，肯定不会成功。"

吉娅放学后问钱钱的建议，钱钱说完全可以通过打工挣钱。

你是否能挣到钱，决定因素是你的自信程度。假如你根本不相信你能做到的话，那么你就根本不会动手去做，而假如你不开始去做，那么你就什么也得不到。

如何树立自信呢？钱钱建议吉娅写成功日记，每天把自己所有做成功的事情记录进去，任何小事都可以，吉娅写出了第一篇成功日记：

> 1. 我做了两个梦想储蓄罐。
>
> 2. 我在每个储蓄罐里放进了 5 马克。
>
> 3. 开始做梦想相册。
>
> 4. 今天开始撰写我的成功日记。

说到"成功日记"，我一直喜欢记录生活中的点滴。现在我每天记录的几件小事和感恩日记搭配起来，变成了一个又一个实现的订单。这件事值得一直做下去，还可以让自己越来越自信，何乐而不为呢？

爱好变为赚钱的机会

吉娅想拥有一家公司，向非常富有的表哥马塞尔求助时，他说挣钱其实真的很容易，你只要四处看看就能发现机会了。很多人什么机会都找不到，那是因为他们从来没有认真找过。

马塞尔建议她想清楚自己喜欢做什么，然后再考虑怎么用它来挣钱。

听吉娅说她喜欢带小狗散步，马塞尔建议她可以同时也带上邻居的狗出来散步，这样就可以获得一些报酬。

吉娅鼓足勇气去敲了邻居的门，主动要求每天帮忙带小狗散步，得到了第一份工作，一个月可以有60马克的收入，是她现在零用钱的3倍，而且每教会狗狗一项本领，额外还可以得到20马克。

生活中，很多人其实真的不知道自己喜欢做什么，所以遇到很多朋友上来就让我推荐理财产品，我有时真的无法给出什么建议。

当我写下月入10万元目标时，虽然离它很遥远，可是没想到不久我就有了和朋友一起策划一款产品的机会，并且销售异常火爆；后来我意识到供应链要自己掌控，如果有个自己的工厂就好了，几个月后我又和朋友一起开了一家工厂一切都发生得那么意外，又水到渠成。

我喜欢写作，喜欢朗读，喜欢深度旅游，喜欢轻松地用钱生钱，喜欢尝试新鲜事物。现在我正在把其中的某些爱好结合起来，财富管道逐步被打通，钱宝宝从四面八方向我涌来。

坚持既定的目标

钱钱是在受伤时被吉娅一家相救的，吉娅12岁的时候，钱钱突然对吉娅说话了，它竟然还知道吉娅在想什么。

可是钱钱不想让任何人知道它会说话，但为了报答吉娅的救命之恩，它要为她破例，并只谈论关于金钱的问题，帮助她父母摆脱债务危机。

姨妈的一次拜访让他们找到了钱钱的主人金先生，一位理财专家。因为遭遇车祸，他与钱钱失去联络。得知钱钱在吉娅家过得非常愉快，金先生非常感激，希望他们继续帮忙照顾钱钱，并且主动提出要支付报酬，每周派司机接钱钱和吉娅到诊所看他一次。

这些突发事件让吉娅完全忘记了帮父母解决财务困难的问题，也没有按计划寻找梦想相册的照片，还有写成功日记，脑子里全都被失去钱钱的恐惧占据着。

钱钱告诉吉娅，这是许多没有钱的人爱犯的错误，他们总是有那么多紧急的事情要做，以致没有时间来关注重要的事情。它严肃地告诉吉娅三件重要的事情：

第一，你应该在自己遇到困难的时候，仍然坚持自己的意愿。

第二，每天花 10 分钟去做对你未来意义重大的事情，这会让一切变得不同。

第三，从现在开始不间断地记录你的成功日记，不论在什么情况下，都坚持每天这么做。

她决定从现在开始，每天提早 10 分钟起床，以很快的速度梳洗，让自己清醒，然后就写她的成功日记。

最后，钱钱认为吉娅没有找到照片，是因为没有遵守 72 小时规定。

当你决定做一件事情的时候，你必须在 72 小时之内完成它，否则你很可能就永远不会再做了。

当年读这本书的时候，我对这段印象很深刻，所以还是做了一些努力。前一阵我翻开 QQ 空间里那些私密日记，看到了一些当年关于投资理财的笔记。还有整理东西时，找出了之前做的关于理财投资笔记和对基金的分析。

想起当年曾经努力付出，不禁有些感慨，没有什么是轻易得来的，我不是凭空就有了自己的理财风格的，也不是一下子就接受轻松赚钱的理念的，这绝不是推荐一个产品就能解决的问题。

说到底，这还是一个积累的过程，我喜欢钱，喜欢用钱生钱，所以我为此行动了。

很多事并不急迫，却很重要。理财就是如此，它不是发财，不可能靠得到一个推荐产品就咸鱼翻身，这是一个系统工程，需要从思想上和行动上一起努力，是急不来的。

我们每天都有很多很急迫的事，甚至牺牲了吃饭、睡觉的时间，一天到晚忙来忙去，却经常发现没什么成就感。所以不如每天拿出点时间来写一下成功日记吧。

每天最少写 5 件事，写几天你就会非常有成就感，而且还会爱上自己，甚至还会发生更多的小惊喜，不信你就试试吧！

记住：任何小事都可以写！

以轻松的方式挣钱

吉娅得到的第一份工作，是带着一条狗去散步，每月60马克，如果可以教会它一项技能，额外获得20马克。

通过几个小时的训练，狗狗已经可以完成"坐下"的动作了。主人汉内坎普先生很满意，并给了吉娅20马克。

吉娅很惭愧地接过钱，因为她觉得这钱赚得太容易了，但汉内坎普先生说："大多数人觉得，工作肯定是一件艰苦而令人不愉快的事情，其实只有做自己喜欢的事情的人，才能真正获得成功。有机会的话，我可以给你讲讲我自己的经历，因为我总是在做我自己喜欢的事情，而且我总能在那上面赚到很多钱。"

吉娅很想帮助父母摆脱财务困境，可她只知道父母贷款的利息高得让他们付不起了。

钱钱告诉她说：陷入债务的人只需要听从四个忠告就可以解决负债问题，而且很简单。

欠债的人应当毁掉信用卡

因为大多数人在使用信用卡的时候，比用现金花的钱要多得多。

所以，负债的人应尽量少使用信用卡。

尽可能少地偿还贷款

分期付款额越高，每个月剩下的生活费就越少。

钱钱说吉娅的父母首先必须学会量入为出，否则有了更多的钱只会给他们带来更大的麻烦，因为支出有和收入一同增长的倾向，除非他们学会分配财产。

不要等到还清债务才存钱

欠债的人应当遵守 50%/50% 的原则，将不用于生活的那部分钱中的一半存起来，另一半用于还债。

他们不需要等到还清债务以后再开始存钱，只有这样，他们才有能力在不申请新的贷款的情况下，心安理得地更好地享用这些东西。

借债前问自己是否真的有必要

所有借债的人都应该在自己的钱包里贴一张纸条，上面写着"这真的有必要吗"这样的话。

钱钱建议请金先生和她爸妈谈谈他们的债务问题。

关于这部分，可以根据自己的情况具体分析，我是这样执行的：

第一，信用卡我有很好的使用心得，可以用它来理财而且很有收获，我当然不会去剪卡的。

信用卡是一个很好的理财工具，因为信用卡通常有 50 天左右的免息期，所以用好了它是一项很好的无息贷款。

前提是你需要很了解信用卡的各种规则，如果不了解，会很容易陷入一些信用卡使用的黑洞。

第二，尽量少地偿还贷款，把还款周期放到最长，充分享受金钱的时间和现金价值，用最少的钱获取最大的收益，因为现有的投资渠道也可以让我取得高于贷款利息的收益。

第三，每月至少拿出自己全部可支配收入的 10% 存起来，这个数字基本上暂时不用闲钱。如果你只用 90% 的钱也可以生活得很好，你就会发现，那省下来的 10% 正在变成一只越来越肥的金鹅。

第四，买可以让自己的资产增值的物品，比如金条和金饰相比，我宁愿买金条；在购买负债性资产时，考虑一下是否有必要，比如相对买车，我更喜欢打车，现在打车很容易，公共交通也很方便，我没有买车，生活得也是有滋有味的，不役于物。

养一只金鹅

吉娅的日子过得很愉快，一周的时间，她通过带狗散步赚到了74马克，而且能心安理得地收下这些钱了。

周末吉娅和钱钱去看望金先生，她告诉金先生自己的梦想、梦想储蓄罐、梦想相册，以及她这个星期挣了多少钱，还有她爸妈的财务危机，以及表哥马塞尔的经历，当然还有她的成功日记。

金先生为了表达过去一年吉娅对钱钱照顾的感谢，给了她一张支票，让她交给父母；另外还决定每天支付她10马克。并邀请她爸妈过来一次，他愿意和他们谈谈财务问题。

吉娅说照顾钱钱完全不是为了挣什么钱。

金先生解释道："吉娅，大多数人都是这么想的。你为什么不能因为做了一件自己喜欢的事情而挣到钱呢？"

类似的话吉娅已经听过许多次了，马塞尔对她说过，汉内坎普先生也说过。

金先生接着说："恰恰是因为你喜欢我们的钱钱，我才要每天付你10马克，你的真情实感才令你的劳动显得那样珍贵。"

他严肃地说："这是一大笔钱。我有一个条件，那就是你得把其中的一半存起来。"

随后，金先生给吉娅讲一个关于金鹅的故事。

有一个农家小伙，每天的愿望就是从鹅笼里捡一个鹅蛋。一天，他竟然在鹅笼里发现了一个金蛋。通过鉴定得知确实是金子铸成的，于是他卖了这个金蛋。

这样的情况延续了好几天。可是他是个贪婪的人，抱怨鹅下金蛋的速度太慢了，后来一怒之下，他杀死了那只鹅，自那以后，他再也得不到金蛋了。

金先生说："鹅代表你的钱。如果你存钱，你会得到利息。利息就是金蛋。大多数人生来并没有鹅。他们的钱不足以让他们依靠利息来生活。"

吉娅觉得很有道理，她还是想在明年夏天去加利福尼亚。她当然也希望有这样一只鹅，要是能两全其美就好了。

金先生告诉吉娅，两件事情可以同时进行。根据自己的目标，对每一笔收入合理分配。一部分你存入银行，一部分放入梦想储蓄罐，剩下的零用。

吉娅不明白既然存 10% 就能让人变得富有，为什么还会有那么多的人为钱操心呢？

金先生解释说："因为他们从来没有考虑过这个问题！"

当年读到这个金鹅的故事，我兴奋不已。那时候我刚开始我的定存计划不久，就看到这样理念，实在是很激动，我给自己定下目标要给自己养一只这样的金鹅。

当时，我每个月最少固定存下我收入的 1/10，而且不动用它们。一开始每月只有 200 元，可是有什么关系呢？套用年收益 10% 的公式，若干年后那个数字已经非常吸引我，细水长流，聚沙成塔，让时间和复利来帮我工作吧！

如今，将近十年，每月定存的数字翻了将近 50 倍，在一些收益的高点，我曾经做了部分赎回，并且又重新投入进去，我依然选择不动用它们。我用快十年的经历证明这绝对不是海市蜃楼，每年 10% 的收益几乎轻松做到。

2009 年的时候，我把这个方法告诉给几个朋友，那时候我已经成功解套 2007 年基金大跌的亏损，可惜的是大部分人并没有坚持下来，在这条路上，我走得有些孤独，可是真理有时候却掌握在少数人手里。

2015 年 6 月，我凭感觉做了早期几只定投的基金本金和收益的全部赎回，因为总收益已经翻倍了，另外一些新选择的基金收益也达到了 80% 的收益，我赎回了全部的本金，没想到我赶上了这一轮行情的高点。

　　我想，可能是有了这几年的经历，我可以嗅到一些味道吧，有时候相信一下自己的直觉也是很重要的。

　　在理财这条路上，没人能保证一定稳赚不赔，在短期内是很有可能的。不过在足够长的时间里，的确有一些方法可以做到让你还取得不错的收益。

　　随后，吉娅去银行开户了，还有了一次冒险经历，她工作做得越来越顺，收入也大幅增长，并有了帮手莫妮卡。

　　表哥马塞尔开始认同她，父母也开始听她的意见，而这一切，都从她开始想办法挣钱开始变得不一样的，还有她的成功日记，不只写取得了什么成绩，还写下了取得成绩的原因。

　　吉娅的生活越来越好了，不过她和钱钱的交流越来越少了，她每天都有很多事要忙。

　　幸运，其实只是充分准备加上努力工作的结果。

吸引金钱的魔法：良好的起心动念

　　吉娅的邻居客户陶穆太太是一位寡居的老奶奶，继承了丈夫丰厚的遗产，也是一位理财专家。

　　一次家中遭遇盗窃，吉娅和伙伴们阻止了盗贼拿走地下室里那些应急的现金和金条。关于盗窃案，陶穆太太说盗贼即使偷去钱财也不会高兴太久。

　　她说，钱只会留在那些为之付出努力的人身边。用非法手段取得不义之财的人，反而会比没钱的时候感觉更糟糕。

　　吉娅不明白盗贼为什么还要费这么大劲，陶穆太太回答说："因为大多数人认为有了很多钱，就可以改变他们的处境。他们以为金钱会使人幸福。而一个人要想过更幸福，这和钱无关。"

　　金钱本身既不会使人幸福，也不会带来不幸。只有当钱属于某一个人的时候，它才会对这个人产生好的或者坏的影响。一个幸福的人有了钱会更幸福；而一个悲观忧虑的人，钱越多，烦恼就越多。

吉娅的妈妈总说："金钱会使人的本性变坏，金钱会暴露一个人的本性。"

陶穆太太解释说："金钱就像一个放大镜，它帮你更充分地展现出你本来的样子。好人可以用钱做很多好事。而如果你是盗贼，那你很可能会把钱挥霍在一些蠢事上。"

金钱也能成为我们生活中非常强大的动力。金钱可以在一定程度上提高我们的总体生活水平。有了钱，我们就能更容易地实现我们的目标和梦想，当然，这既包括好的目标和梦想，也包括坏的目标和梦想。

吉娅想自己可以安下心来了，因为她的目标是好的。此刻她才真正明白，为什么钱钱一开始就坚持要她首先确立自己的目标。现在吉娅相信，金钱并不会使她的本性变坏。

陶穆太太提议，由吉娅和朋友们跟她一起组成一个投资俱乐部，比如每人每月拿出 50 马克放在一起，然后他们一块儿用这笔钱投资。

陶穆太太真的很睿智，她深知良好的起心动念的重要意义，她对金钱有着良好的认识和信念系统，所以她才拥有驾驭大量金钱的能力。

吉娅的父母又一次遭遇了债务危机，钱钱建议她安排父母和金先生谈谈。

然后她给马塞尔和莫尼卡打电话，告诉他们陶穆太太要和他们组建投资俱乐部的提议。

第二天，金先生和吉娅父母见面了，吉娅不清楚他和他们两个分别谈了些什么，又做了什么安排。他们只告诉吉娅，金先生将他们的分期付款期暂缓了几个月，而且把每个月的分期付款额调低了 32%。这样，他们现在每个月手头的现金就多了。他们会将一半的钱存起来应急，另外一半钱他们准备用来喂一只自己的"鹅"。

吉娅兴奋地拿出了夹在成功日记本里记着她的目标的纸条。上面写着她的三大目标之一：帮助爸妈还债。于是她就在成功日记本的最后一页上又写下了一行大标题：

我最大的成果——帮助爸妈不再承受还债的压力，并且开始储蓄。

然后吉娅充满骄傲地看着她的梦想储蓄罐，不久以后就能"开宰"它们，这一切真是太棒了！

吉娅离她的另外两个目标一点也不遥远了，当然帮助父母不再受到债务的困扰，给她带来的很大的成就感，这有巨大的价值。

这时候吉娅已经掌握了绝大多数内容，她已经不再需要钱钱的帮助了。她需要向内寻找，而在成功日记中，她可以找到未来也有能力完成任何事情的证据。

成立"金钱魔法师"俱乐部

吉娅和朋友们跟陶穆太太的俱乐部成立了，名叫"金钱魔法师"俱乐部。

俱乐部成员一致认为达成的金钱魔法咒语是：

1. 确定自己喜欢获得财务上的成功。

2. 自信，有想法，做自己喜欢做的事。

3. 把钱分成日常开销、梦想目标和金鹅账户三部分。

4. 进行明智的投资。

5. 享受生活。

他们定了一个每月聚会的日期，又决定每人每月投入 100 马克。

陶穆太太为了感谢吉娅他们阻止盗贼的勇敢行为，向每个人赠送一笔 5000 马克的首期款，加上老人自己的 5000 马克，共计 20000 马克交给投资俱乐部。老人指出文件中的几个要点：

1. 应该把钱投资在安全的地方。

2. 我们的钱应该下很多金蛋。

3. 我们的投资应该简单明白。

最终，他们决定选择符合他们设定的所有条件的基金，不断地养肥俱乐部的金鹅。

或许是时间太久，我都忘了他们的投资俱乐部叫作"金钱魔法师"俱乐部了，这个名字多么有意义呀。尤其是现在学习并践行了吸引力法则之后重新读这本书，我又一次意识到，有很多东西，宇宙早就为我们准备好了，只待我们随时去取货呀！

勇敢挑战那些让人恐惧的事情

吉娅终于克服了恐惧心理，鼓足勇气参加了银行经理为小朋友们开设的演讲，现场气氛非常热烈。

吉娅的父母和朋友们都来参加了，而且还得到了金先生的好评，他认为吉娅有很好的演讲天分。

他说："一个人觉得最引以为自豪的事情，往往是那些做起来最艰难的事情。这一点你千万不要忘记。"

吉娅第一次在她的生命中感觉到，自己真的可以做到很多事情，心中充满了感激之情，她的生活发生了多么巨大的改变呀。

她有一种感觉忽然涌上心头，似乎她和小白狗之间的关系不久将会发生一些变化。但不管将来发生什么事情，她都不再会感到不安。

朋友们，要不要回想一下，你有没有做过一些之前以为自己不敢做的事呢？有没有觉得正是那些勇敢尝试，才让自己变得越来越好了？我就做过一些。

大学毕业前，对于是否读本校研究生，辅导员跟我们有一个谈话。问到其他人时，他们都说考虑一下，问到我直接说不读，然后就让我出来了。我刚出门，陆续也有小伙伴出来。这件事至今我都以为做得很好，那是我第一次正式地对大事说不。

毕业后有很长一段时间找不到工作，家里帮忙安排的我也不想去，那些工作可以一眼看得到退休，那绝不是我想要的生活。

当我终于踏上南下的列车去开始新生活时，未来一片茫然。远离熟悉的环境对我来说是很可怕的，尤其是在火车上时心理活动很复杂，甚至想过半路下车，就像吉娅期待演讲那天生病或干脆取消一样。可是迈出了这一步，却感到自己拥有了全世界。

再后来还有许多这样的事，没做之前依然还会有很多恐惧，做了以后会觉得很自豪，这就是成长吧！

有些事还没做却不那么害怕了，有些事尝试过并没做得那么好，也不像以前那么介意了，就算最后没有达到目标，也会有一些收获。

说到底，人生还是一种体验。

魔法师俱乐部首次行动——基金定投

投资俱乐部的成员们聚集在陶穆太太家，迫不及待地想要开始投资，通过陶穆太太专业指导和讲解，大家最后一致认为：基金能够符合投资的一切要求。如果能够在 5~10 年不动用这些钱，基金投资是很保险的，它会带来丰厚的利润。

陶穆太太又列出选择最佳基金必须符合的原则：

第一，基金应该至少有十年历史。假如它在这么长时间内一直有丰厚的盈利，那我们可以认为，它在未来也会运作的良好。

第二，应该选择大型的跨国股票基金。这种基金在世界各地购买股票，以此分散风险，所以十分安全。

第三，对基金的走势图进行比较，我们应该观察在过去 10 年间哪些基金的年终获利最好。

最后他们选中了理想的基金种类，本来可以把每个月决定增加至 1000 马克的钱也存进这个账户，但是，陶穆太太劝他们最好再买第二种基金，这样有利于分散风险，大家被她说服了。

在这段时间里，吉娅往自己的成功日记本里面记了很多东西，她的演讲前内心挣扎的过程，那些赞扬的话，她又增加了收入，她和金钱魔法师们的第一次投资行动等。

吉娅日记本里记得越多,她取得的成绩也越大,她觉得这一定跟自己越来越自信有关。

关于基金,我有很多感触,因为这是我的一个重要投资渠道。

但从当年刚开始把炒基金变成定投基金后,我不但把之前的亏损给赚回来了,而且还有了很不错的收益,书中那个12%的平均收益率并不难做到,有不少基金可以达到。

当然,买基金也是一件非常容易做的事,只要会玩智能手机的基本都可以做到,现在很少有人不知道余额宝,那也是一种基金——货币市场基金。如果做定投的话,当然是选择那种波动性大的股票型或者指数行基金。

现实的情况往往是人们在低点时往往不敢进场,他们要等待一个更低的价格;而在高点时又不想落袋为安,他们要等待一个更高的价格。为什么建议普通人选择基金定投(就是每月定时定额,起点最低为100元)?就是因为它是一个傻瓜式的懒人投资大法,你根本不必去考虑什么时候开始,最好的时候就是现在立刻开始行动。

我选基金的经验如下:

1. 在我国,可以选择成立时间超过5年的基金,当然是时间越长会更好,我目前持有的基金都是成立5年以上的,有的甚至超过10年了。在一个足够长的时间里它都可以有不错的表现,当然在未来也不会有太差的表现。

2. 目前我国市场还没有完全放开,但是也有机会可以选择全球配置的基金来进行投资,比如QDII基金(这个基金类型都可以查到)。

另外随着金融的放开,有一些境外基金也会陆续进入国内市场,我也在关注这方面的消息。

3. 基金的数据可以在一些第三方网站获得,比如天天基金网,上面分门别类地有很多数据,你可以进行各种筛选。还可以参考一些网站的排名,比如晨星网,我从2007年就用了。另外还有标准差、贝塔系数、夏普比率、基金经理、基金规模、同类收益排名等数据参考，这些都不难获得。

如果这些你都不想做，还有一个方法就是加入投资理财的社群，会有人帮你做这些事，当然你可能需要支付一些费用。

你还可以去找个值得你信任的人，让他帮你参考，别直接求推荐，对自己的钱你总得自己做点决定。

当然如果可以，你也可以和朋友成立一个投资俱乐部，一个人或许孤单，有几个志同道合的朋友一起前行，可能会更容易些。

4. 用 72 除以投资的年收益率的百分比，得出的数字就是这笔钱翻一倍所要的年数，这个比较简单，年收益 3% 就是需要 24 年你的钱可以翻一倍，年收益 12% 就是需要 6 年。这说的是单笔投资，如果是基金定投，会有其他计算公式。

5. 我们只能把不是马上要用的钱投进基金里，如果你打算投资基金，就要准备把自己的钱在里面放上 5 ~ 10 年。对于那些能等这么长时间的人来说，基金几乎是一种零风险的投资。

这是一个对很多人来说有点漫长的过程，理财不是发财，细水长流很简单却不易做到。

如果你决定要买基金，请做好打持久战的准备。否则，你很可能并不能马上有太高的回报，除非马上就是大牛市。

6. 基金买卖操作很简单，各个渠道均可，相对网银操作，天天基金网还有基金公司官网费率较低，长期持有还可以选择后端收费，并可以微信绑定账号，轻松实现傻瓜式懒人投资大计。

暂时亏损和通货膨胀

投资俱乐部成员继续定期聚会，每次都学会很多东西，还讨论很多事情，他们还每月记录一次所买基金的行情，这样卖出的时候就可以清楚地知道能得到多少钱。

　　而陶穆太太认为最好的办法就是，把钱投在一个大型的基金上，5～10 年根本不去看它。然后，等再去查看它的行情的时候，肯定已经得到了丰厚的利润。

　　他们买的这只基金行情在很长一段时间内都蛰伏不动，几乎可以说一点变化都没有，既没有盈余，也没有亏损。但是到了 10 月，突然骤跌，他们的股份只值 14128 马克了，损失了大约 25%，大家都很沮丧。

　　莫尼卡想起爸爸的建议：可以用一个好价钱进场了，逢低买进。

　　陶穆太太回忆起自己经历过几次这种所谓的危机，可是行情总在一到两年之后又恢复了，每次都是如此。所以，从此以后如果再发生行情暴跌的情况，她就变得很镇定。

　　他们决定再次投入一笔钱，逢低买入。

　　在筹集资金的过程中，吉娅遭到爷爷奶奶的强烈反对。她给金先生打电话问他的建议。

　　金先生认为用全部的资金买入基金并不是一个好主意，可以用一半的钱投入。如果行情继续下跌，手头还有钱用来再一次买进。因为形势多变，应该始终储备一些现金。绝不能把你全部的钱都投资在股票或者基金上面。

　　当你有足够的时间可以等待的时候，基金是最保险和最安全的。但是出于分散风险的考虑，应该把一部分钱投资在绝对安全的地方。

　　为了抵御通货膨胀，金先生坚决反对将钱放在"吞钱机器"的银行里，吉娅经过考虑后，决定将手头 20% 的现金进行投资日拆（在我国可以做别的考虑），获取利息，并且这笔钱可以随时动用。

　　关于银行定期存款，我工作稳定后只做过一年，后来我没有选择过任何定期储蓄，不完全是来源于这本书，在看到它之前我就已经这样做了，而看到这本书后，我又更加坚决地跟它说再见。

　　我手头总会有一些应急资金，可以满足我万一没有工作的时候，还可以支撑我 3～6 个月的生活，虽然我还从来没有用到过它们。这一部分资金一开始我选择的是信用卡加货币市场基金，有部分放在余额宝，即使现在收益率只有 2.4%，也还是高于银行一年定期的。

至于通货膨胀率，最新的数字是上半年 CPI 指数为 2.1%，这只是居民消费价格指数。现在是名副其实的负利率时代。

对于亏损，我也经历过一开始的抓耳挠腮，那是真金白银呀，谁不觉得心疼呢！2008 年，我的基金账户亏损可比书里的亏损25%比例更高呢。不过我没有卖出，反而选择我喜欢的基金每月继续加大投入。

神奇的事情发生了：2009 年的时候依然是熊市，可是我的账户慢慢翻红了，我用每月投入几百块不但摊薄了之前的成本，还有了全身而退的机会。

我当然没有退，而是选择继续加码，从 2007 年的每月 200 元开始，到后来越来越大，已经达到最开始的很多倍了。有那么两三次我在觉得还不错的高点做了赎回，然后马上做了重新分批进场，在有些低点的时候，也做了一些逢低分批进场。我不会把所有可以投入的钱一次性放进去，总是会留一些逢低买进的现金。

基金定投，一直伴随着我投资理财生涯。

另外，从分散风险的角度考虑，不把所有的钱放在一起很重要。

春夏秋冬，寒来暑往，四季的更替就是一种自然现象。而在理财这条路上，也是一样的，既有夏日的火热，同样也会有冬日的严寒。

圆满大结局

几个月过去了，吉娅的日记本上记录很多自己成功的经历，并不断地尝试着新的冒险。

爸妈这段时间过得相当不错，爸爸听从金先生建议，雇了两个帮手，他能集中精力做自己喜欢的事情，而且干这些事他也相当在行。

以前他曾经怀疑自己究竟适不适合独力开业，但现在他知道，只需学会把某些自己不喜欢做而又不擅长做的事情交付给别人就行了。

爸爸每天欢欢喜喜地上下班，当一个人不需要再为钱的问题烦心之后，竟会发生如此巨大的变化，真是难以置信。

吉娅的业务也是日渐扩大，她与伙伴们都赚了不少钱。很快，吉娅就不知道下一步该从哪里赚钱，又在什么时候才能赚到钱了。但她认识到了有"困难"是一件好事。因为这逼得她四处寻找新的途径，可以学到很多新东西。

吉娅早就给自己买了一台笔记本电脑，现在她可以很快地完成家庭作业，而且做得整洁多了，分数也有明显的提高。用电脑做统计表，这样一来，吉娅赚的钱当然越来越多，她严格地按老办法分配这笔钱：50% 用来让鹅长大，40% 用来帮助实现她的目标，还有 10% 用于零花。

当初吉娅和钱钱一起列在单子上的目标，大部分已经实现了。只是美国之行尚未达成，因为她有一种预感，在那里她会有一些不同寻常的经历，它会再一次彻底改变她的生活。

投资俱乐部取得了很大的成功，他们买的第一只基金的行情虽然下跌了 7 个月，但由于并没有卖出，所以没有亏损。这以后行情开始爬升，如果卖出的话，可以获取不少利润。不过他们没有理由这样做，他们想要的是让大家的鹅不断地长大。

他们现在一共买了四种基金，每当几个金钱魔法师聚会的时候，他们总是非常愉快。每次都会从陶穆太太那里学到许多东西，能给各自的爸妈出一些主意。

金先生已经完全康复了，又重新忙于生意。钱钱还留在吉娅身边，他是一个理财天才，每次见面吉娅都能学到一些新东西。最主要的是，在他眼里钱是一种再自然、再普通不过的东西了。受他的影响，渐渐地，吉娅完全改变了对钱的态度。

金先生每个月为他的客户做一次关于理财投资的报告，吉娅的爸爸妈妈也定期去听。偶然的机会，吉娅为他客户的孩子做了一次关于钱的报告，获得很大成功，每讲一次得到 75 马克的报酬。

金先生提议跟吉娅合伙开一家帮助孩子们投资的公司。她特别激动，相信自己很快就将尝试一次全新的冒险。

随后，她注视着身旁这只漂亮的小狗，思绪起伏，他们很长时间没有说过话了。现在，吉娅再次意识到钱钱可能再也不会开口说话了，但她已经学会了不去逃避自己害怕的事情。

钱钱说："吉娅，我会不会说话一点也不重要，重要的是，你能不能听到并且理解我说的话。就像你现在写的这本书，有一些读这本书的人听不到你说的话，于是就没有任何改变；另一些人读过之后开始聪明地理财，他们会拥有更幸福、更富有的生活。"

钱钱最后一次和吉娅说完话，就闭上了嘴巴。吉娅哭了很长时间，才感觉好多了。就像金先生说的：

"不要为失去的东西而忧伤，而要对拥有它的时光心存感激。"

她充满感激地回想着从钱钱那里学到的东西，所有它教的话现在都深深地印在了她的心里。

今后她会变得很有钱，对这一点她不再怀疑，并且这个过程很可能比别人所能想到的要快得多。

吉娅还知道，有了这些钱之后她仍然会很幸福。

后　记

写这本书的读后感，收获最大的其实是我自己，因为我几乎快把这本书背下来了，那些故事还有那些落地的理财方法，全都印在我脑子里了。

2008 年读这本书，觉得就是个童话，我觉得自己就是吉娅，从钱钱那里学了一些和金钱打交道的方法。可是这究竟有没有效果，则是个未知数。那时候我也只存了收入的 1/10，如果存 50% 的话，我真不敢想象，我现在会是什么样。

我是从 200 元钱开始起步的，用一个简单的方法，把零钱集中起来，用快十年的时间养了一只肥鹅，然后实现靠它下的金蛋生活，时间和复利，就是一颗原子弹。

如果我在中间亏损的时候选择撤退，如果我在有时候资金紧张的时候选择停扣，如果我在有一些更高收益的时候动摇我的懒人投资法……似乎不管哪种如果发生，我现在也不会跑出来写这本书的读后感。

理财哪里有什么秘籍可言呢？所谓幸运，不过是一路跌跌撞撞摸索出来的。

财务自由是一种什么状态呢？财务自由并不是你拥有多么大一笔财富，而是靠金鹅下的蛋就可以生活，并且还在继续养肥那只鹅。不需要工作来赚取生活费，这时候生活成本可能也不需要多高，却可以有更多的时间做自己喜欢的事，可以选择工作，也可以选择不工作，总之不会为了钱工作。

Grace 点评：《小狗钱钱》真是一本生动有趣的理财教科书，一路追随主人公实现愿望的心路历程，并融合——十多年理财实战经验的精编版《小狗钱钱》，让人回味无穷。

1. 明确自己的愿望：这个步骤相当于跟宇宙下订单，清晰地了解自己到底想要什么，然后确定最重要的目标。只有你的愿望足够清晰，才能吸引到相关的人、事、物。书中的吉娅其实就是一个金钱的吸铁石，当她尝试要赚钱实现愿望的时候，一系列相关的人、事、物都被她吸引过来了：小狗钱钱、金先生、表哥、陶穆太太、银行经理、汉内坎普先生等。她通过做梦想相册和储蓄罐，加速订单实现速度。

2. 学会投资理财正确的理念：比如学会量入为出，还债的同时坚持存款，尽可能少偿还贷款，给自己养一只金鹅，成立投资俱乐部，坚持写成功日记，培养内在的自信心，挑战让自己恐惧的事情，等等。

3. 对金钱保持良好的信念，正如陶穆太太所言："金钱本身既不会使人幸福，也不会带来不幸。只有当钱属于某一个人的时候，它才会对这个人产生好的或者坏的影响。一个幸福的人有了钱会更幸福；而一个悲观忧虑的人，钱越多，烦恼就越多。"

4. 做自己真正喜欢的事情，并努力将它们转化为赚钱的机会，因为满心欢喜地投入，更容易吸引到丰盛富足的人和事，从而将赚钱变成一件轻松愉快的事情。

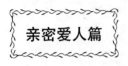

亲密爱人篇

完美爱人不必追，用吸引的就得了

分享者：赖秋恺

微信：chiukai

【导读】要想吸引完美爱人，首先你得明确地知道，你想和什么样的人共度一生。想吸引白马王子的目光，请先让自己变成闪亮的公主。最后要全然相信宇宙的安排，相信自己值得拥有！

我最近被咨询的问题几乎都是跟感情有关的，其中又以找不到对象为大多数。

我心想：这些人真是搞不清楚状况，找对象是所有感情问题中最容易解决的。中国人最多，怎么还会找不到对象呢？

交往之后的互动相处、家庭经营与爱情保鲜等问题要怎么圆满地处理，才是真正的艺术与智慧。

一步一步来，今天就先来聊聊怎么吸引到理想的对象吧。

第一，你得明确地知道，你想和什么样的人共度一生。

我听过某位男生只列出两个条件：一是女的，二是活的。听完我就无语了，你有差到这种程度吗？枉费你爸妈把你养这么大呀！

我的条件多了一点，也不太多，就34条，列出来给你们看一下：

1. 符合当下的我，而且可以同步成长。

2. 志趣相投，也热衷灵性成长，朝回归真我、解脱自在之路迈进。

3. 善良、热情，经常面带微笑，互动时充满欢愉的感受。

4. 体贴、信任、完整地爱我，对感情忠贞不贰。

5. 完美的性爱，她也真正享受在其中。

6. 为人正直，内外一致。

7. 她的父母、师长与亲友也和她一样肯定、欣赏我，并支持与祝福我们的恋情。

8. 脸蛋可爱，身材比例均匀，我比她高。

9. 永远有聊不完的话题，不说话时亦可享受宁静的幸福。

10. 崇拜我。

11. 会烧一手好菜。

12. 愿意一起做家事。

13. 能理性、智慧地沟通与互动。

14. 我就是她的最爱。

15. 在我做决策时，能给予很好的建议，并予以尊重。

16. 100%支持我所有的决定，即使不是她能认同的。

17. 对爸妈（公婆）孝顺、贴心。

18. 该认真时很认真，该疯狂时很疯狂，可以玩得很投入，又能节制自爱。

19. 当她想起我时，会有爱、幸福、期待打电话与碰面的感受。

20. 喜欢、尊重我的朋友，应对进退得体。

21. 懂得打扮，令人看来舒服、漂亮又合宜。

22. 会撒娇，也会真诚、自然地经常表达对我的爱。

23. 有点黏我，又不会太黏。

24. 意见相左时，愿意进行以爱为前提的沟通，以更相爱为共同目标。

25. 相处互动时充满欢愉、惊喜与爱的感受。

26. 一起吃素。

27. 是我事业、经济的得力合伙人。

28. 喜爱旅游、阅读、看电影、听演唱会……即使兴趣不同也会相互尊重。

29. 喜爱尝试新的事物，热衷学习。

30. 当我想要小孩时，愿意共同欢欣地期待小天使的到来。

31. 做事能力强，能独当一面，和我在一起时懂得当小女人。

32. 在众人之前，懂得适时维护我的尊严。

33. 当我及我的家人老了或病了，愿意无怨无悔、真心真意地照顾我及我的家人。

34. 很爱很爱自己，也支持我爱自己。

很多人看完前 10 条就快晕倒了，心里不断冒出这些想法：怎么有办法列出这么多条件？这也太贪心了吧，你以为你是谁呀！世界上怎么可能有这么完美的对象？就算有也轮不到我吧。我的对象只要其中几点的特质，我就心满意足了……

不好意思哦，以上 34 个条件，我的媳妇就 100% 全部符合！对！你没看错！34 个条件全部符合！

是我很优秀吗？也算是吧，不过比我优秀的人多了去了，但他们却不一定找到适合的对象。最关键的原因还是在于：我知道吸引力法则，我相信吸引力法则，我会运用吸引力法则。

待会儿看完文章之后，找个清静的时间，拿出纸笔或打开计算机，将你理想伴侣的条件列下来吧！想得到的条件尽管列，不必担心你配不上优秀的人。

第二，想吸引白马王子的目光，请先让自己变成闪亮的公主。

你有本事列出这么多伴侣的条件，也请有本事让自己变成优秀的人，不然你配不上人家呀。高度不同，频率不同，遇不到一起的。

就算对方一时被爱情冲昏头，真和你在一起了，但能量、气质不匹配，你被甩只是时间问题。

第三，相信，相信，相信！

假如上面两点你都做到了，恭喜你，接下来就等姻缘成熟了。在等待的期间，你难免会怀疑、焦虑、担心、失望、无助、害怕……这很正常，在此送你三个锦囊妙计，助你渡过难关。

1. 相信你值得拥有。

2. 相信宇宙一定会帮你。

3. 相信你的她（他）也正奔向你。

我最喜欢用法拉利来举例了。每当有女学员跟我诉苦，我举完例子之后，她们就满脸得意地离开。

你今天订了一辆法拉利，等个半年到两年是很正常的。为什么要等这么久？因为你订的是法拉利顶级超跑呀！

你可能会说："我就是法拉利呀，为什么车主还不来？"

我的回答是："就是因为你太优秀了，所以宇宙正忙着好好调教你的他，不然他配不上你呀！"

Grace 点评：秋恺老师真不愧是吸引力领域的专家，成功吸引完美爱人的方法让人特别震撼，给我们很多启发：

1. 清楚知道自己理想伴侣的所有条件：下完美爱人订单时，详细列出了心中所渴望爱人的所有条件，并且竟然多达 34 条。而宇宙就是如此神奇，你想要的一切，包括完美爱人都早已存在，你唯一需要做的就是调整振动频率，提升自己的能量，吸引完美爱人现身。

2. 全然相信宇宙：下完订单，让自己处于接收的频道，丝毫不产生任何与梦想抗衡的念头，从而加速了订单实现的速度。

宇宙如此爱你，你只需要笑纳

分享者：Miss 柳

微信：hongliu526

【导读】在强烈的焦虑不安和患得患失中煎熬了几天后，我决定活在当下，全心去投入和享受。回到对宇宙的信任状态后，一切都变得轻而易举。

很多人终其一生奋斗，功成名就，富贵荣华，可就是找不到那个理想的伴侣。我曾以为我也会是这样，带着所谓的才华和傲气，孤独终老。不过，似乎总有一股冥冥之中的力量，护佑我走过人生的每个关口。

2015 年年初，我 24 岁，硕士即将毕业，机缘巧合接触吸引力法则，第一次尝试跟宇宙下订单。事业、金钱、爱情，我都下了美好到我自己都无法真心相信的订单，尤其是爱情。

我的完美爱人订单很苛刻：

> 要爱旅游，喜欢大自然和动物，喜欢传统文化，会画画，懂书法，厨艺好并乐于做饭，会点木工活，还要聪明，有才华，有能力，事业成功，与金钱的关系轻松愉快，性格上要温柔体贴，对我专一，对我的家人也同样很好……

这些特质怎么会集中在同一个人的身上？即使有，他怎么会爱上我？我社交圈里也并没有这样的人。

下订单时，我的脑海冒出无数质疑的小声音。但由于我对这个订单并没有抱着太大期望，当时的关注点也更多在于人生志业，所以并没有纠结多久。

接下来的半年多，我忙着毕业答辩、毕业旅游和工作的事情，很快就把完美爱人的订单忘记了。

直到 2015 年 10 月中旬，借着一次校友会活动的机会，我认识了当时还远在欧洲工作的他。

起初只是很随意地聊天，聊兴趣爱好，聊工作的事情，我内心里对这个只能通过网络交流、还有 7 小时时差的远程关系没抱什么期待。

渐渐地，和他聊天成了我生活的一部分，我对他的了解也越来越多。

和他相处有莫名的亲近感，甚至很多生活小习惯都一样：喜欢坐在地板上，喜欢花时间把家装饰得温馨舒服，喜欢安静的城市，喜欢吃江浙菜，等等。

他还可以和我聊很多历史八卦，尤其是民国史，每次打电话，不知不觉就能超过一个小时。

他是个理工科学霸，本科毕业之后就在德国读研读博，然后留在那里工作。除了那份固定工作外，还有大大小小的诸多兼职。懂好几国外语，书法漂亮，国画和油画也画得得心应手。

他能把一个人的生活料理得舒适温馨，有空就会去宜家，买各种东西自己组装，乐在其中。他去过世界大部分地方旅游，熟知各地的风土文化。

更神奇的是，我们之间既有强烈的吸引力，也有踏实的爱。

过了一段时间，我无意中看到几个月前写下的订单，才猛然发现，原来宇宙已经帮助我实现了。

觉察到这一点后，我的第一反应却是不信任。越是喜欢他，越是担心这段爱情是昙花一现，担心自己无法把握。在强烈的焦虑不安和患得患失中煎熬了几天后，我决定活在当下，全心去投入和享受。

回到对宇宙的信任状态后，一切都变得轻而易举。即使他的归期一再延后，我也没有觉得担忧。空中连线 5 个月后，他回国，我们的关系再度升温。现在，我们处于同一时区，都感到满满的幸福。

下真正想要的订单，然后放掉所有控制，离开"挡道"的位置去玩一会儿，将一切交给宇宙。

宇宙会将一切安排好，我们需要去做的，是去修炼自己，让内心更有力量，这样一来，等宇宙将你想要的送到你面前时，你才能自信地接纳。

Grace 点评：Miss 柳的爱情故事完美得犹如童话，让我们深受启发。

1. 跟宇宙下订单最关键的地方：要清晰地知道自己想要什么，订单越精准，宇宙越容易帮你实现。

2. 下完订单后：放松心情，付出切实的行动，并全然地相信宇宙的安排。同时，扫除思想上的障碍，让自己始终处于接收频道，可以加快订单实现进程。

爱到深处，完美爱人才现身

分享者：王小暖

微信：13176697013

【**导读**】爱自己是永恒的主题。不管在什么时候，不管生活给了我什么，爱
好了自己，爱到满出来，才有能力爱别人，才有能力得到别人的爱。

今天要讲的是我自己的故事：爱到深处，完美爱人才现身。第一句话中的
爱，是爱自己的那一份，这是故事的重点。

2014 年下半年，我的生活遭遇了商场、情场双失意。

经济方面穷到付不起房租，谈了八年的男朋友离我而去。我状态超级差，白
天不愿意跟人说话，晚上回到家又觉得快要窒息了。

那一年，我已过 30 岁，对未婚的我来说，这是个很尴尬的年龄，失恋就更加
难堪了；又因为投资失利，毕业后辛苦积攒的几十万元灰飞烟灭。

写到这里，似乎又能感受到那种令人窒息的感觉。

这样的日子大概过了一个多月，把自己折磨的没人样。这时，从网络上看到
"完美爱人"的课程，我抱着试试的态度开始学习。

按照老师提供的"完美爱人订单"的范本，我在 2015 年新年，认真地写下
了自己的完美爱人的 36 项条件。

写完，再读一遍，内心升起声音："这么好的男人，真有吗？即使真有，怎么会给我呢？"另一个声音随即出现："为什么不呢？反正我的状况已经差到不能再差，为什么不大胆地、没有限制地相信呢？"

我深呼吸，清理一下负面情绪，回到了我的日常生活。

2015年春节，家里发生惨剧。我的情绪又一次跌入低谷。绝望之时，向老师求助。他给了我一个主题：不做烂好人，好好爱自己。

后来才知道，这是老师用九数生命能量学看过我的个人信息表，知道我是一个不会拒绝别人，总是无节制地付出，不懂得爱自己的人，才给开出的处方。

这如同是一根救命稻草，不必多想，尽管去做。现在我才知道，完美爱人的订单下了，行动却一直没有开始。订单的激活密码就是"爱自己"！

真正的吸引完美爱人的行动这时才正式开始。

从此，我开始了爱自己的旅程。只要不违法，不伤害别人的利益，让我感觉舒服的我就去做。

物质方面，我想要什么就去买什么。那时候，经济状况还没有完全好转，但是，我敢买。比如，我想买一件心仪的两三千元的衬衫，我手头一共也就有不足5000元，我就买！

我就想：大胆试试吧，看看能把自己饿死吗？奇怪的是，每当我花了一笔"巨款"的时候，总会有我自己都想不到的渠道进钱，而且总是大于狠心花销的额度。屡试不爽！甚至奇怪！我深深爱上了这样的感受。

伴随着这样的爱自己的方式，我的经济状况逐渐好转，除了工资等收入外，还有了一些意外收入。

上天真是对我不薄，确切说应该是上天眷顾每一个爱自己的人。当一个人深深地爱自己，照顾好自己的时候，老天就会说："给你更多吧！继续更好地爱自己吧！"

物质方面没有匮乏感了，我继续深入精神方面，想尽办法让自己感觉到舒服，让自己处于快乐和愉悦的状态。

比如，我去做一直不舍得做的 SPA（水疗），让身体放松；去上瑜伽课，跟身体对话；去学跳 ZUMBAR（尊巴，健康时尚的健身课程），让身体绽放；学唱歌，挑战自己的短板。

凡是令自己感觉很开心的有益的事情就去尝试，真真正正地动起来，让身体和精神处于舒适、愉悦的状态。

身心愉悦了，就开始深入核心主题"爱上自己"！

原来，我一直存在自卑心理，认为自己家庭出身不好，认为自己长得不漂亮，身材也不完美，总担心别人笑话我。

身心愉悦，内心也就绽放。我开始喜悦地关注自己。我开始给自己写情书，把发现的优点写出来，多照镜子，没事就对着镜子说："嗯，我还不错哦！"

慢慢地，我就发现，其实自己的眼睛挺迷人的，身体匀称，姿态优雅，挺有女人味的。当自己真正开始认可自己以往认为的"缺点"时，就是开始接纳自己的时候。

事实上，在现实生活中，我越来越多地收到朋友们的赞美，回头率也在提升。

在此送给大家一句话："我就这样，不能塞回娘胎，不退货！爱谁谁！大千世界，就这一个我！我只有一天比一天好，才对得起来到世界上一回。"

去年 8 月，我认识了现在的男朋友，开始了一场很享受的恋爱。期间，我坚持爱自己的主题。即使对方真的很优秀，我偶尔的自卑感还会出来作祟。我坚持不妥协、不委屈，不会因为想要得到对方的爱和关注，而放弃自我尊重。不会委屈自己，取悦对方。

我继续深深地爱自己。

2015 年 10 月，重新学习吸引力法则课程，我突然想起我曾经下过完美爱人的订单。

于是，我找出来封存已久的笔记本。当我看完全部 36 条的时候，我把自己吓到了！身上起来一层鸡皮疙瘩。我的男朋友 80% 符合！甚至有很多条是超过订单的。

　　比如"年收入20万元人民币"，实际上要多很多倍；再比如"身高170cm左右"，实际上是182cm，还有"支持身心灵的修行"，每一次我去外地上课，无论多晚他都会接送我；居然连"养一只可爱的狗"这样的条件都是符合的。

　　当时我从椅子上蹦起来。对着镜子中的自己说："太神奇了！"

　　原来吸引力法则是可行的！原来下订单时，小宇宙才不管是多远大的，还是多卑微的，只要爱的能量在，都有可能实现啊！

　　直到自己再一次确认这不是在做梦。我流泪了，感恩我没有放弃自己，一直在坚持学习。感恩老师、同学一路陪伴，团队的力量是强大的。

　　写到这里，我想很认真地跟各位分享五个字："你值得幸福！"

　　完美爱人就这样来到我的身边。他很帅气，有礼貌，有蒸蒸日上的事业，关键是疼我、爱我、懂我。一切，都是那么完美，犹如童话一般！

　　最后我想对朋友们说：每个人都值得幸福，只要学会深深爱自己。深深地感恩宇宙，感恩生命中拥有的一切。

　　Grace 点评：通过小暖的故事，又一次证明：只有深深地爱上自己，坚信自己值得幸福，宇宙才放心把完美爱人交到你手中。

　　文章分享完毕后，小暖贴心地给出了几点特别精辟的总结：

　　第一，只要有触底，就会有反弹。有多低谷，就能弹多高。关键时刻，千万不要放弃，只要肯学习、肯行动，总有千万条美景大道等着你。

　　第二，爱自己是永恒的主题。不管在什么时候，不管生活给了我什么，爱好了自己，爱到满出来，才有能力爱别人，才有能力得到别人的爱。同频共振！

　　第三，要有行动力。三分钟热度只能是美梦一场，距离完美爱人和幸福生活还很遥远。不必等到触底了才反弹，现在就开始行动，开始掌控自己的人生吧！

梦想房子篇

看 90 后女孩如何吸引梦想中的房子

分享者：蒋晓玉

微信：jiangxiaoyu521888

【导读】如果梦想的东西没有显化到生命画面中，证明你的频率没有和你想
要的东西匹配上。因此，必须持续保持高频，不因为外部环境的变
化而变化，对宇宙要有全然的信心。同时，循着宇宙的灵感努力行
动，是心想事成最为关键的部分。

如果你渴望什么，首先要想象你拥有后的感受，这是你吸引它们的唯一途
径，也就是观想。然后你要让自己相信，你一定能拥有这一切，你也值得拥有这
一切。最后，你要经常专注于上述积极的想法和感受。

我从小到大一直有个愿望，就是可以跟妈妈住进楼房。我爸爸许诺了我们十
几年，结果一次次令我们失望。最后，我明白了：想要的东西，就要自己去争取。
因此，工作后我的目标很明确，我要靠自己赚钱买房子。

工作几年，这个梦想从未变过。虽然过程中被骗过，也亏过，但是好在我得
到了宇宙的厚爱，投资创业没有破产，最后还分到一笔钱。原本想继续用这笔钱
创业，谁料想爸妈那次大吵架，我妈哭着给我打电话。我立志：这次一定要买

房，我立马从邯郸买票回家，我动真格的了。

我只是想拥有一套房子，条件也不多，等我向宇宙下完订单后这个房子不久后真的出现了。

我跟宇宙下的订单：

1. 楼层在 3 楼或 4 楼，非电梯房。

2. 小区治安环境好，有保安 24 小时值班。

3. 房间有大大的阳台，洗手间要大，窗户要大大的。

4. 精装修但不要原房主的任何家具。

5. 房间里睡榻榻米。

6. 必须是地暖。

7. 小区交通便利，要距离公交站牌很近，但要远离马路。

8. 赠送小草屋，最好不必买车库，停车方便。

9. 房间必须干净。

因为我是一个目标感很明确的人，我没有那么多的时间浪费在选房子和看房子上。所以当我有了明确的方向后立马行动。我常年不在家乡，对招远很不熟悉，所以到家后先是打了一辆车绕着整个招远市区，让司机介绍各个小区的名字，用笔在本上画地图，方便上网了解各个小区。

之后找中介，确定我想要的地段，并且我只要那地段附近三个小区里的房子，首付 20 万元以内。

一个中介两天带我看了 4 套房，全部 Pass。因为当时我已经选定好小区了，只要这三个小区里的，后来因为其中一个小区不是地暖，也 Pass 了。

那天下午看完房子后，我骑着电动车四处转，看到一家房产中介公司，我就进去了。

我永远记得那个中介说："现在有一家特别适合你，房主着急卖，不过有人看上了还没交订金，明天出差回来，你先看，看好了谁先交订金就是谁的。"

那时候特别奇怪，到了这个小区的时候我就特别舒服，等见了房子后我暗喜：就这个了！跟中介说好第二天带我妈妈来看，没问题就定了，整个过程都是非常愉快的。

但是，后来发生了一件事情让我非常压抑。概括地讲，就是因为这套房子房东卖得很便宜，43万元，小区内同样房源价格最低也要46万元。而且我除了交1万元订金外，还要交1万元给中介，他们托关系给我过户。但是房产证房东抵押在银行，换句话说，就是我要拿钱帮房东把房产证解压出来。

所以，几乎所有朋友、亲戚甚至别的中介公司都觉得我被骗了，以致后来我还跟朋友去律师事务所咨询律师。

总之，那段时间被搞得特别上火。直到那天晚上我妈妈说："这房子别买了，为了买个房子上那么大的火不值当。"

听了这句话我就想，我学习了吸引力法则，为什么我一直在想这些负面的东西？为什么这种好事就不能落在我头上？

我开始让自己静下来，把如何正确观想的内容重新看了一遍。那天晚上，就开始观想我和妈妈住进去的场景，包括如何装修等。为什么这样做？引用《失落的世纪致富经典》所讲到的一段话：

"这就好比你要一台缝纫机，我并不是说你有了需要缝纫机的这个想法后，就可以待在那里去坐等缝纫机自动被造出来。如果你真的要缝纫机，在心里就得给它绘图并确认这台机器可以被造出来或者通过何种途径可以购买到它。一旦你的想法成熟了，你就要坚定地执行下去，在这个过程中，永远都不要怀疑你能否得到那台缝纫机，你要始终坚信你一定会得到它。"

我也领悟了，为什么过去知道这个秘密的，竟然都是历史上的伟大人物：柏拉图、牛顿、林肯、爱默生、爱迪生、爱因斯坦等。

因为吸引力法则帮我们实现自己想要的并不取决于我们嘴上所讲的，而是依据我们内心的信念——相信我们能得到它们，这也就是为什么我们经常在小事上心想事成，大事上却很少。

所以下订单之后除了清晰的图像外，必须还具备实现它的意愿，要有充足的动力将它切实地创造出来。

如何拥有这种坚定不移的信念？最好的方法就是告诉自己，这一切已经属于我，它就在我眼前，我只是拿过来而已。

从那天开始，我就开始采取积极的行动：我跟妈妈从心理上暗示，我们已经住进梦想的新房里。每晚我们都憧憬怎么装修、买什么等。我还经常去小区里转，跟小区的阿姨打招呼，直到最后真的拥有了它。

想象就在房子里住，就生活在这个小区里，就跟已然拥有了一样，心怀感恩，感恩周围的一切，发自内心的感谢房东、中介以及所有人。

所以，一旦我们已经在脑海中形成了清晰的图像，整个事件就开始转化成接收的过程。从那一刻开始，我们就要准备好接收我们向宇宙所要求的一切了。

这种感觉真是太美妙了！

《圣经·马可福音》中也提到这个方法："我告诉你们，凡是你们祷告祈求的，只要相信能够得到，就必得到。"

就是指我们要把愿望当作已经存在的事实，坚持这样做，效果很快能出现。

最后，我首付款还没付给房东，他就腾出房子给我，为了方便我装修。除了订金我只交了一万元就给我办理了过户，原计划贷款是在 10 月底前，结果银行整整拖延了半个月，这个过程房东也没催过我。我真是太幸运了，再次感谢房东大哥和中介姐姐。

现在回想起来，这套房子几乎和订单内容 99% 吻合，真是太不可思议了：原定首付交 18 万元，留几万元装修，为了贷款顺利，交了 21 万元，所以后期装修的时候我是拆东墙补西墙。可是，我在那么缺少资金的情况下每个月依然不缺钱，后期还买了保险。所以只要你相信，去除金钱上的匮乏感，宇宙会给你的更多更好！

另外，这件事情也让我反思：人不可貌相，不要以貌识人。因为这个房东大哥看起来就跟黑帮派一样，又黑又胖还不笑。每次见他我都胆战心惊，可事实证明这个人真的很好。

最后引用《秘密全集》的话送给大家也送给自己："首先，你要相信宇宙能量是万物之源；其次，你要相信宇宙会给你想要的一切；最后，你要用一种深深的感恩之情把自己和宇宙的能量联系起来。"

Grace 点评：90 后智慧美丽的晓玉之所以能够心想事成，最根本的原因在于她掌握了吸引力法则的精髓：

1. 清楚自己想要什么：跟宇宙下订单时，她明确列出了自己梦想房子的一切特征，比如小区环境、楼层、房间布局等，这些都是吸引到心仪房子的前提。如果你自己都不清楚到底想要什么，宇宙又如何给你最好的安排？

2. 付出行动：回到买房地，仔细了解房产细节，跟随中介看房，选中目标区域。

3. 正确观想：沉浸在依然拥有的状态里，观想住进去的感觉、如何装修、跟小区人互动等，让自己处于接收状态。

愿景板：吸引梦想的别墅

分享者：虞能洁

微信：yunengjie2015

【导读】"有，最好；没有，也很好。"我很喜欢这句话，能进能退，可以按照不同的模式来安排生活的历程，这也是宇宙给予我的一份体验，我只需安心地接受宇宙的安排，所以我很坦然地放下了我的完美订单。

我在学习吸引力法则课程中，印象最深刻的是第一天学习跟宇宙下订单，看到群里好多同学们都写着完美订单，我突然心血来潮，也想写一个。

于是，在2015年11月16日的下午，我写下了心中的订单，其中有一条是关于房子的，写完的那一刻特别让人怦然心动。

订单的内容：

　　我要有一栋三层楼的别墅，屋顶是露台，夏天和家人一起在露台上看星星，房子里面有佛堂，有冥想室，有大大的书房，有瑜伽房，有个人咨询室，有朋友聚会室，有会议室，可以和志同道合的朋友们一起学习和工作，一楼有超大的阳台和院子，每天早上鸟儿都会飞来觅食，我会放专门的食物给它们，院子里有好多绿色的植物，阳光照进来，非常的美丽。我还会做美食，分享给我的伙伴们！

说实话，当时写下这样的订单，还不敢大胆地晒出来，只留给自己看看，心想假如没实现的话也只有我自己知道，有一个美丽的梦想也是好的。

后来慢慢地，我把写下的订单给遗忘了。

大概过了一个多月后，婆婆打电话过来说："如果有可能的话，我们可以有属于自己的一块土地，可以自己建房，你们愿意吗？"

当时我听到这个消息后真的很意外，也特别高兴。突然记起来好像我曾经写下的订单，于是翻看了手机中订单的内容，这下变得有点兴奋了。

虽然也只是可能，但那天晚上还是和先生念叨了很多遍"这是真的吗"，因为一切来得太突然了。我很喜悦地告诉自己，这需要努力才能得到。

记得秋恺老师说过的一句话："有，最好；没有，也很好。"我很喜欢这句话，能进能退，可以按照不同的模式来安排生活的历程，这也是宇宙给予我的一份体验，我只需安心地接受宇宙的安排，所以我也很坦然地放下了我的完美订单。

今年我重新学习了吸引力法则的课程，再一次学习写订单，关于房子，我还是写下了关于房子的订单，几乎和上次是一样的。

接下来，我开始制作订单中的愿景板，那材料从哪里来呢？

也许是天意吧，家里有一本精美的广告本，或许是因为它很精致，没有被我清理掉，一直保留着。

当我给先生描述完我下的完美订单时，他告诉我，那本精美的广告本上就有这样的别墅，还翻到那一页给我看，问我："是这样的吗？"我笑着回答："是的。"然后，两人哈哈大笑。

于是在做愿景板的当天，经过认真地拆解，我把需要的图片裁剪完毕，很快就完成了，我把它贴在家里显眼的位置上，只要想看，每时每刻都会看到。当我看到房子的愿景板，脑海中总会浮现出住在里面温馨的画面，于是也在学习群里晒了一下。

制作愿景板的当天是周末，女儿放学回来就看到了，就问我贴着这图是干什么用的。

我很开心地告诉她，这是妈妈学习吸引力法则课程中的一部分课程内容，是订单的愿景板，并问她："你看美吗？"

女儿回答："美极了！"然后问我，她是否可以在这里拥有属于她自己的健身房，（女儿曾经两次吸引到她心仪的苹果手机，完全相信有吸引力法则的存在）我笑着回答："当然可以喽！"

吃晚饭的时候，女儿又开始提问："妈妈，那我住几楼呢？"我回答她："这是你的家，随你挑选。"那感觉就和真的一模一样。

后来，有一天公婆来我们家的时候，也看到了我梦想中的愿景板。

公公看了好久，我笑着对他说："爸爸，我们未来的房子就是这个样子的。"公公说假如真的是这样的话，那就太好了。

随后的日子里，看着愿景板，订单中想要的画面越来越清晰，先生动手查看别墅的室内设计、装修风格等，每次吃完晚饭后全家总会有些简短的交流、温馨的谈话，我们根据需求不断地下着订单，憧憬着未来的感觉是很美好的，当下开心就好！

就像马云先生所说："梦想总是要有的，万一实现了呢！"只要认真努力的去做好自己该做的事就可以了，把一切都交给老天吧！

宇宙总是会给我们最好的，经过全家的努力，在今年的 5 月，宇宙给予了丰盛的礼物，让我们拥有了一块属于我们自己的土地，可以自己建房，虽然不是现成的别墅，那也算是心想事成了。

房子可以建造三层楼高，可以有露台，可以有很多的房间，还有大大的院子和阳台，和我订单中的内容几乎一模一样，还可以定制打造订单中没有的内容，感觉好富足！

还记得有一次我送女儿上学回来堵车的时候，曾和先生说过这样一个订单，虽然没有写下来，却很清晰："我想住到一个环境优美、空气清新，又安静还不会堵车的地方，那是一件多美的事呀！"

那现在建造房子的地方正好远离城市，空气清新，还可以自己种菜、采摘，不远处有起伏的山峰、宽阔的大江，晚上除了有犬吠的声音之外，安静极了，一切都是大自然的美景，宇宙给予了最好的回应。

这是我这辈子都没有想过会发生的事，真的像神话一样。

写下订单的那一刻只是觉得好玩，心想着写一下又何妨，只是想看看当时的自己还需要什么，没想到宇宙给予的是那么的丰盛，那么的完美。

真的，你真的什么都可以要，只要你真心想要，宇宙就都会给。只要你全然地相信，宇宙就会集合起所有的力量来帮助你实现你的梦想。

目前建房工作已经启动，开始建造订单中那美丽的家园了，也许没有愿景板那样的别墅，但我相信也一定是很温馨美满的。

在这里特别感恩亲爱的公公、婆婆的辛勤付出。感恩亲爱的爸爸、妈妈，有你们才有我们的存在。感恩一路上亲朋好友的鼓励和热情的帮助，有你们在，犹如神助，好爱你们！感恩吸引力法则的强大力量，感恩群里老师和所有的伙伴们无私精彩的分享，感恩大家庭的温暖，此时此刻的我被幸福包围着。

期待着在未来学习的道路上，一定还会有更美好的事物和大家分享，感恩宇宙给予我安排的一切。

亲爱的朋友们，如果我的分享能给予你帮助，如果你也愿意相信，我诚挚地邀请你也行动起来，相信你也一定会找到属于你自己的幸福！

Grace 点评：能洁做完梦想家园的愿景板不到半年，宇宙竟然以超级完美的方式显化出来了，让人无比惊叹：因为这不是一杯咖啡、一个停车位、10 元钱，而是一幢别墅。从她的故事中，我们可以学到：

1. 宇宙是没有订单大小的概念：很多学习吸引力法则的朋友会觉得吸引一顿美食、一笔意外收入等这些小订单都超级简单。而房子、车子、爱人这些都是非常大的订单，一定没那么容易实现。其实，对于宇宙而言，显化 1 元钱跟 100 万元是同样轻而易举的事情。前提是你的内心是否真的相信自己值得拥有想要的一切。

2. 美好感觉：这是心想事成特别关键的一点。她坚信秋恺老师的一句话："有，最好；没有，也很好。"很多人下完订单经常无意识会产生与梦想抗拒的念头，比如想吸引完美爱人，又觉得自己怎么会那么幸运可以拥有，结果宇宙就响应了你内心真实的想法。比如能洁下完订单后，让女儿运用超强的想象力观想拥有自己的健身房、住几楼等细节，同时和家人一起畅想拥有梦想中家的美好感觉。一直让自己处在美好感觉中，这些不经意的举动无形中加速了宇宙显化的进程。

花开刹那，我拥有梦想的家

分享者：洪艳

微信：moroen7980

【导读】宇宙万事万物都有自己不同的频率。正如每个人都是独一无二的，每片叶子也是独一无二的，每朵花儿亦是独一无二的。宇宙万物的独一无二正来自于它们不同的振动频率、不同的能量层级。

根据量子物理学的进化版——弦理论，真正的创造万事万物的最基本元素，追根到底就是一个正在振动的弦，这"弦"就是我们常讲的振动频率。

宇宙万事万物都有自己不同的频率。正如每个人都是独一无二的，每片叶子也是独一无二的，每朵花儿亦是独一无二的。宇宙万物的独一无二正来自于它们不同的振动频率、不同的能量层级。

那年，我循着爱情来到这座城市。

每次下班，坐在公交车上，望着暮色中的高楼大厦直入云霄，一盏盏灯光密密麻麻。我渴望那里有一个温馨的窗口，有一个温暖的家是属于我们的。种下这颗种子，我们便开始耕耘。

那个时候我还不了解吸引力法则，可是事实是：吸引力法则是宇宙法则，不管你知道不知道，它都在运转，都在起作用。不同的是，如果你知道吸引力法则，调整情绪频道，你的振频是爱、喜悦、开放等正向能量，你吸引到的就是开心喜悦的人和事情，实现开心喜悦的梦想。相反，如果你的振频是恐惧、抱怨、嫉妒等负面的能量，你吸引到的就是很糟糕的人和事。

很庆幸的是，宇宙一直都是爱我的。

那年，美丽的草原上，我见到了格桑花儿。我停下脚步，细细地看着每一朵花，嫩黄的花蕊，淡淡的花粉，五颜六色的花瓣。一阵风吹过，花儿摇曳着，不时有蝴蝶在其间飞舞着。

一抬头间，我看到一朵淡紫色的花儿，她的花瓣在风中微微地颤动着，半开不开，欲说还休，我静静地看着这朵花儿，看着她悄然地开放。

那一刻很美妙，我很喜悦。

也在那一刻，我想到我们未来的房子，想象它是什么样子，它如何布置，如何装修等，我喜滋滋地想着，不觉入了神。

回来后的买房历程并不顺利，就在房子停止疯长的时候，我们迷失在羊群效应中，想等着房价的大幅下跌。然而，事实是：房价停滞没有多久，因为政府的再次降息，又一次蹿升上来。

又是一个周五，政府出台了第二次的降息政策，我跟老公都开始着急，马不停蹄地奔波在大大小小的中介和售楼中心。

刚开始的时候，由于经济压力，我们将目标一直锁定在二手房上。在不懈的努力下，终于签订了一套还算勉强满意的房子，付了订金。

然而，第二天房主阿姨反悔了，她私下把房子抬价卖给了另外一家人。阿姨态度很好，她答应双倍赔偿我们，而且承诺她会帮我们重新找房子。

就这样，在阿姨的帮助下，我们来到了现在的小区售楼处。这是一个高档小区，之前，我们无数次经过，都没有想过要进来看看，一直觉得这里的价格太高，我们消费不起。

在售楼中心销售的介绍下，我们立即看上了一个户型，房子面积大小、户型布局都特别满意。

销售帮我们算了首付款那一刻，我惊呆了：原来我们自己攒的钱不够，而加上阿姨的赔偿金，正好刚够房子的首付款。

我们没有犹豫，很快签订了合同。

是的，在我看到那朵花儿、共振到那份喜悦的时候，宇宙其实已经给我准备好了真正想要的房子。

它就在这里，当我调整到相同的频率，房子就显化到我的生活中了。

亭台楼阁、假山、小河水、竹子、各种各样的花花草草、石子小路……每次漫步在小区，我都会不由自主地笑出声来。

后来我学习了吸引力法则，在制作愿景板的那一刻，我明白：原来宇宙一直爱着我。

行走在这红尘中，我愿意持续地相信，带着爱前进。让宇宙自然运行的规则，在爱的振动频率中，自然运转！花开刹那，宇宙给了我梦想的家。无限感恩宇宙的恩典！

Grace 点评：洪艳的分享让人收获颇多，有几个地方非常值得我们思考：

1. 深谙宇宙法则：吸引力法则是一个创造的法则，当你的源头散发的是爱和喜悦的频率时，自然可以吸引到美好的一切，心想事成也便水到渠成。

2. 随顺宇宙安排：有时候，当你放下结果的掌控和渴望时，宇宙不经意间会给你更好的安排。比如她买房遭遇房东违约，后来竟然因为这笔违约金而买到更理想的房子，这一切皆因为她没有抗拒这些事情的发生，臣服当下，最终显化的结果却更让人惊喜。

宇宙哥哥太给力，轻松吸引贵族学校

分享者：徐琳珊

微信：xu592357481

【导读】人生有很多梦想都被现实所淹没，可当你真正检视自己为何没有实现当初梦想的时候，也许你会意外发现，很多时候梦想落空，真的不关乎外界的人和事，而是你自己没有真正的努力过！

两个月前，我躺在床上，被焦虑和紧张这些负面情绪折磨得胃疼。

当时，我的梦想是去当地的一所贵族小学工作。但是，我没有任何背景，而且这所小学应聘进去的都是教育界的精英。在同龄老师当中，我知道自己能力还不错，但离精英还有一段距离。

那时的我，别无他法，一边忍受着强烈的负面情绪，一边积极求助于宇宙哥哥。是的，他是我唯一的救命草。人，在无路可退的时候，就会奋起。

为了能够让宇宙哥哥相信我是真的，我当时发愿：等我成功了，一定要写一篇文章告诉大家我是如何利用吸引定律进入我梦寐以求的学校。

我没想到这个愿望的实现竟是这种方式。宇宙哥哥，我很喜欢你的安排，你真是一个神奇的魔法师，总是知道什么最适合我。如今回想起来，感觉一切如梦似幻。

时光倒回到 2016 年 1 月 3 日，当时我以碰运气的心态问我的朋友：

"嘿，你那里还招人吗?"

"招的差不多了，你来吗?"

"来!"

"那先投简历给我们的副校长。"

我一阵欣喜，感觉有机会来了！当时已经是晚上 9 点了。

紧接着，我打电话给师父：

"师父，我要去××学校应聘，有空麻烦你帮我磨课（磨课是指凭借平时积累的教学经验，集结组员的智慧在上公开课前进行反复推敲试讲的过程）吧。"

"好，明天过来试讲。"

于是，我开始选课文。当时没有语文书在身边，那就上百度找，找了 30 篇文章也不知道哪篇更好，凭第一感觉我选了《泉水》。事实证明，这篇课文童话味儿浓，孩子们可喜欢了。

开始备课。怎么办呢？没头绪啊！我在网上搜索，竟然搜到一个教坛新秀的视频，看了 40 分钟，发现这风格非常适合我。我一阵狂喜，这令我少走多少弯路啊！

第二天我又备了一上午，下午就从杭州赶回老家。晚上 6 点和师父会合，师父特别给力，还带了一位经验丰富的老师。一个晚上，我完整的教案就出炉了。

很多时候，只要你愿意付出行动，宇宙会调集所有的资源来帮助你。

在之后的三天，我去磨课磨了两次，听课的老师不断给我修改小细节，直至最后拍板。可以说，这次磨课是我磨得最省力、最高效，也是最精彩的一次。

同时，我很努力地运用吸引力法则课程中的各种技巧，比如观想跟校长见面时，办公室里洒满阳光，他慈祥和蔼的面孔，等等，并不断清理内心的各种负面情绪和小声音。

我带着期许和忐忑盼望着 3 月开学。

3 月第一个星期，我的朋友给我打电话告诉我："副校长的一个老乡，据说是某地方的名师也会过来面试。"

顿时，我的心凉了半截！

"我一定会安排校长和你见一面，这是你唯一可以为自己争取的机会！"朋友在尽可能地帮我。

为了见校长，发生了一段小插曲。这个小插曲快速提高了我运用吸引法则的能力，谢谢宇宙哥哥！

我像只兔子一样等候在学校门口，可是保安总是和我说："校长不在。"

第三次我下午 1 点到校，因为得知校长开车出去了，我就蹲在山顶上默默对自己说："我今天一定会见到校长，一定会！"

甚至脑海中不断播放之前观想的各种镜头：和校长大人见面聊天时愉快轻松的感觉，校长对我的表现特别满意等。

4 点，学校放学铃声响了，我有些垂头丧气地往回走。这时我碰到了保安，保安叫住我："校长回来了。"

我欢欢喜喜见到校长，聊了一些心理学的内容，因为校长喜欢心理学，而我也一直学习相关的知识。临走的时候，亲爱的校长说："希望你能抓住这次机会！"

我回家以后，回忆起 1 月到 3 月的经历，梦想确实朝我预期的方向发展，但是总觉得仿佛有一股阻力一直存在，导致显化的速度这么慢。

通过学习，我了解到跟宇宙下完订单，内外一定要保持一致，这样才能加快宇宙显化速度。有的时候，看看外界的发展就能判断你的订单是否在路上。

当时，有一点我非常确信，订单是在向我招手。只是路上总有磕磕绊绊，一定是我的内在有限制性信念！

晚上，我躲在被窝里观察自己的内在，发现原来我内心深处一直有一股声音在对我说："琳珊，你不行！进去的都是精英，你能力不够！"

而这个声音是我妈妈小时候常常对我说的："你不行！你不行！"

一旦揪出这个声音，我就开始做妈妈这边的功课，我在心里对着妈妈说："妈妈，我已经长大了，我爱你，请允许我过我想过的生活。"

每一次我都郑重其事，常常会被自己弄得热泪盈眶。

终于，奇迹发生了。

两天后，我得到通知去面试上课，我清楚地记得校长最后对我说："在这里，你的前途将一片光明！"

结果，聪明的你一定可以猜到。没错，如今我在这个环境优美、温暖而又人性化的学校已经工作快一个月了。我很感恩现在的生活状态，谢谢宇宙哥哥，谢谢我的师父和朋友。

朋友们，有的时候你的订单没实现，是因为：你还待在现有的状态，你的内心不够渴望去改变，没有活出真正想要的感觉。宇宙可不喜欢和马马虎虎的人交朋友，为了你的幸福赶紧行动起来吧！

Grace 点评：琳珊在各方面条件都没有特别优势的情况下，却能成功地吸引到理想的工作，非常值得我们深思。

1. 敢于抓住机会，哪怕订单的希望很渺茫，她也在付出切实的努力做最充分的准备，比如当机立断找师父和其他老师帮忙磨课，快速确定最佳的方案。

2. 当订单的显化出现阻力时，她意识到可能是内外不一致导致的。虽然自己的外在很渴望去这所学校，但内心似乎总有股小声音在否定她，不相信她可以成功。随后，她及时做了清理，将振动频率调整到跟宇宙显化的方向一致，从而实现了心想事成。内外不一致，也是很多人心想事不成的根本原因，琳珊的分享值得我们学习。

吸引农庄：幸福像花儿一样

分享者：美嫣

微信：meiyanpu

【导读】有自己喜欢的小木屋，园子分菜园、果园和花园。种自己喜欢的各
种鲜花和果树，在院子的大树下摆着一个黄花梨的茶台，上面炉子
里煮着老茶，旁边放一架古琴。幸福像花儿一样！

对我来说，运用吸引力法则最为神奇的见证就是找到我自己喜欢的工作。

现在的我每天都做着我最喜欢的事情：上瑜伽课，做生态食材，做九数能量
咨询师，体验各种新鲜的活动。

对于一个感性的、风风火火的人来说，工作必须要做自己喜欢的事情、开心
的事情，幸好我找到了。花了十年的时间也值了。

关于工作，我跟宇宙下了如下订单：

有一个属于自己的庄园，自封"庄主"。有自己喜欢的小木屋，园子分
菜园、果园和花园。种自己喜欢的各种鲜花和果树，在院子的大树下摆着一
个黄花梨的茶台，上面炉子里煮着老茶，旁边放一架古琴。

夏日里躺在大树下的摇椅上，全身放松地听着各种鸟鸣。微风带着阵阵
花香吹过脸庞，阳光透过层层的树荫洒在院落里。

练练瑜伽、弹琴、和好友煮茶、聊聊天、绣绣花，陪老爸下棋、谈天。

累了去打理一下花园或是菜园，午饭时直接去菜园摘几棵新鲜的当季蔬菜，用最简单的烹饪方式吃到最有营养和能量的菜肴。

下完订单以后，我就放到一边了。偶尔会观想一下这种美好的日子，但我内心始终相信：宇宙一定会给我最好的安排。

接下来的日子，我依然非常努力地当瑜伽教练，业余和朋友们一起去郊外农庄喝茶、聊天，体验原生态的生活。结果，很神奇的事情很快发生了。

不久，在一个很偶然的情况下，我遇到了"爱生活家合作社"。我从了解到加入做义工，用了半年的时间。真正参与其中的一些活动、成为核心的志工我花了一年的时间。

这期间，在专业人士的带领下，我对生态农业有了一定的了解，知道怎么去区别土质，了解各种作物的生长环境和状况。

随后，我的愿望一步一步地开始实现了。

由于合作社有核心庄园，也经常会邀请我去庄园做瑜伽表演，以及参加科普活动。

如今，我可以坐在鸟语花香的农庄里练瑜伽、弹琴、喝茶，吃最新鲜的蔬菜瓜果，哇，完全跟我梦想中的一模一样！宇宙真的对我太好了！

一直以来，我都有植物情缘，大概是受到陶渊明的"采菊东篱下，悠然见南山"的影响。目前虽然我没有属于自己的庄园，但是通过合作社，我经常可以到各大农场去享受大自然的曼妙风景，一样可以享受自己想要的生活。

春天里，在农场里摘点野菜，自己磨点豆子做豆腐脑，当我闻到浓浓的豆香味时，那感觉美极了。

如今，果园里面樱桃秀色可餐。午后时分，坐在悠然的秋千上，想想心事，发发呆，日子安然而静美。

不得不感慨：宇宙真的很爱我们，它是我们忠实的仆人，永远都在关注我们的所思所想，如果你真的很想要，它一定会调集所有的资源来帮你实现梦想。

Grace 点评：美嫣吸引到梦想中的工作环境，恍若梦境一般，给我们很多信心和勇气。

1. 宇宙真的太丰盛了，事实上，你想要的一切美好事物都已经存在了。唯一需要做的就是提升自己的能量和振动频率，当你真的能够与宇宙的节奏一致的时候，一切都会水到渠成。

2. 当你对一件事情的意愿特别强烈的时候，不妨敞开心扉向宇宙下订单，然后付出行动，比如美嫣喜欢田园生活，她下完订单后，会主动跟一些生态农庄相关的人、事、物靠近，这样才有机会让你的梦想生活变成真实的生命画面！

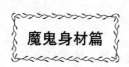

破茧成蝶：魔鬼身材炼成记

分享者：杨燕君

微信：rainbow2017

【**导读**】我无比感恩宇宙通过这样的方式送给我大礼，感恩自己虽然流着泪，但还是把它拆完了，才发现这个弥足珍贵的礼物！

我是在 2014 年 11 月开始学习吸引力法则的相关课程。在这之前我是一个又胖又丑的女人，刚生完孩子，身材严重变形。刚找到一份工作，但可能已经一段时间没有投入压力重重的工作，一下子没有反应过来，做得十分疲惫收入还非常微薄。

因为是做销售的工作，肥胖的身材让我很没有自信，在拜访客户的时候甚至不敢看别人的眼睛。接触吸引力法则，我感觉那仿佛是我所有的希望。按照课程的要求，我认真地做着自己的完美身材的海报。在我的经常运动的正前方的墙上就贴着身材火爆女孩的照片。

每次开始运动我就闭上眼睛进行观想：想象着站在镜子前那扁平的小腹部，还有那若隐若现的马甲线。那种满足感、那种自豪感使我相当开心。

在冬天可以轻松地穿上秋裤的同时还能穿上牛仔裤，关键的是即使这样腹部还是平的，多美好啊。

在买衣服的时候底气十足地说："这个款给我 S 码的。"然后售衣小姐也马上附和："对 S 码您穿刚好合适。"这感觉太爽了！

公司每年制作年会衣服，我今年穿 S 码，公司后勤特地电话问："是否搞错了，往年都是 XL？"

我骄傲地回答："今年开始我要穿 S 码的了。"

我成功瘦身拜访客户，再也不要被说："你怎么又胖了？"我要华丽地转身重新站在他们的面前。

以后我可以骄傲地说："世界上比创业第二难的事情是减肥。我连体重都征服了，还有什么梦想不敢想！"

每一次在这样的观想过后，我总是满满的能量。

我开始跑步、跳操，也开始饮食上控制自己。

那时候我每天睁开眼睛，爬起来就去运动，然后将运动结果发到朋友圈。我的朋友圈十条信息中有五六条是关于运动健身的。

我想通过行动告诉宇宙，我是玩真的。真的很想要 100 斤的体重，尽管我已经超过 10 年没有看到这个数字了。

既然宇宙对我们有求必应，那么我就大胆地下订单，丝毫不用害怕。

在最初的半年多，我瘦得非常快，从 130 斤到 110 斤。但是，体重却在 110 斤徘徊了很久。

那段时间，每天坚持做大量的运动，却看不到什么效果。我去买衣服，依然穿不上自己最喜欢的那条裙子。站在自己的梦想海报前，我觉得好讽刺，第一次流泪了。因为按照网上很多的说法，要突破平台期运动量还要加大，时间要 1 个小时以上。

我情绪快要崩溃了，因为每天 60 分钟是我能承受的底线，超过这个时间我的工作以及家人的陪伴将受到影响。当时内心深处有一种无力与命运抗衡的感觉。

刚好这一天看到秋恺老师也加入减重行列，并且在群里分享如何吸引梦想中的身材。我看到老师的方法，决定重新出发。重新下订单：

> 宇宙啊，我想要以健康轻松的方式在 2015 年年底瘦到 100 斤，若有比这更好的也可以。
>
> 请为我移除会阻碍这件事情的思想信念或行为模式，并以你认为对我最好的方式将它实现，感谢你！

很神奇的是，5 月底我的体重降到 106 斤了。

我无比欢欣鼓舞，这时候我已经可以穿上新买的 S 码的裤子了。

但很快，我第三个平台期到了。这一次，我面对负面情绪袭来，开始运用零极限中的四句箴言："对不起，请原谅我，谢谢你，我爱你！"进行清理，同时依然坚持每天运动。

再一次，我感受到宇宙的神奇的是，在不到一个月，我遇到一个健身教练。我终于知道原来有一种训练方法可以不用很辛苦地加强运动，轻松快乐地瘦下来。

传统观念"吃少迈开腿"并不是最科学的。而且教练秉持的减重观念就是不用挨饿，每天 30 分钟适度训练，不用去健身房，在家练，就可以达到理想的减重效果！

我惊呆了，太高兴了，我感受到这是宇宙为我派来的人。

解决了我每天没有那么多运动时间的烦恼，每天只要花 30 分钟就好了，而且在家练还能兼顾陪伴家人，也不需要去离家很远的健身房，太符合我的需求了，一切刚刚好！

于是，我报名参加了教练为期 28 天的线上减重训练营。在训练营里，我学会了很多科学的饮食搭配方法，养成更加健康的生活习惯，早睡早起，提醒自己喝足水。

大家以为我就很快瘦到 100 斤了吗？没有，宇宙再一次和我开了玩笑。

28 天结束以后，很多同学收获了理想的体重。只有我才瘦了 2 斤，从参加时候的 106 斤，结束的时候 104 斤。

我这一次是彻彻底底地失望了，甚至还生老天的气了。因为我把这个这个训练营活动当成是最后的救命稻草，如今草沉了。我也被失望淹没了！先前那些观想的画面也与我彻底无缘了。

很感恩在这个时候，教练跟我聊天，他问我为什么那么想减到 100 斤呢？

对啊，我为什么那么想减到 100 斤呢？就算我这辈子都无法达到 100 斤，我又会怎样呢？

我想想那些观想的画面，大部分都只是爱面子，想向别人证明什么。只有不够好的人才需要证明。真正自信的人无须证明，因为怎么样的自己都是最美的。

这句话仿佛一道闪电击中了我！我感受到这仿佛是宇宙和我说的话。我明白了它的美意。一切都是最好的安排！哪怕我没有达到 100 斤，我依然是最棒的，也依然是最美的。

我开始臣服一切，松开紧握的双手，放手让宇宙安排。因此，我抱着继续学习的心态继续参加训练营。没有想到在第二个月，也许是因为放松的心情，我居然达到了 100 斤。

终于，我又一次激动得哭了！

伴随着体重的减轻，我发现我的经期也比以前更正常、更规律了。之前我身体湿气重，因为肥胖内分泌紊乱，经过 2 个月的饮食加运动的调整才看到体重的变化。

我无比感恩宇宙通过这样的方式送给我大礼，感恩自己虽然流着泪，但还是把它拆完了，才发现这个弥足珍贵的礼物！而且感恩宇宙派来的天使，让我学会一种最轻松的方式保持身材。

减重成功后，我去拍了美美的艺术照留念。

有一次逛街，我曾观想自己穿 S 码裤子的画面，竟然完全显化了。

2015 年，瘦身成功的我不但收获了健康，也收获了职位上的晋升，获得客户的肯定，在 2015 年超指标完成公司的任务，拿到了最佳销售奖。也意外收到教练的邀请，让我有机会去帮助同样被肥胖困扰的人。

感恩宇宙，感恩减重途中所有支持我的人。

只要你勇敢地向宇宙下订单，留意生活中宇宙给予的灵感，抓住它们，付出行动，顺着指引，一定可以收获属于你的美好。

Grace 点评：燕君减重的故事非常励志，也特别让人感动，有很多值得我们借鉴的地方：

1. 视觉化和美好感受的观想是加速宇宙显化订单最为重要的两大法宝。她在制订目标之后，不时观想自己已经瘦到理想体重时的种种画面，最终宇宙在适当的时机，就把这种画面显化到她的生命体验里。

2. 下完订单，对宇宙要全然放手，当下就立即采取积极的行动，接纳每一种生命体验，哪怕暂时看起来不那么美好。同时，静心捕捉各种灵感和信号，循着自己的好感觉，一路走下去，宇宙会用最适合的方式让你心想事成！

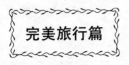

美梦成真：走在漫山樱海中

分享者：李安娜

微信：annalea

【导读】宇宙就像是快递员，给你送订单的时候，被你的这些负面的情绪挡
住了路，要及时清理掉，这样宇宙才好继续为你送订单。

美丽的四月，我走在漫山的樱海中。晴天碧空，丛林里摇曳着早春的色彩：
有鹅黄的嫩绿，有翠绿的青葱，有枫叶红的热情。

樱花正盛，漫山的粉樱和娇艳的桃花相互映衬，呈现出一幅世外桃源的油画
之美。

微风拂过肌肤，有一种丝滑般的舒适感。执子之手，悠然地漫步在这片樱海
中，看着纷纷扬扬的落樱犹如飘雪，有一种置身于偶像剧般的浪漫。

回想几个月前我的生活，公公生病住院，暴躁脾气一触即发，全家都笼罩在
一种紧张担忧的气氛中。

家中没有多余的人力帮我带孩子和分担家务，我一个人面临24小时需要监护
和陪伴孩子的挑战，还赶上公司事务最忙的时候，感觉分身乏术。

每天恨不得孩子一天睡16个小时，可是她的精力偏偏比大人还旺盛。熬夜到

半夜两点多，那是家常便饭。短短的几个月，我的脸瘦削下去了，不仅黑眼圈越来越严重，还出现头晕、头疼的现象。

内心不知为何，时时浮现出几年前与老公到处去旅行的一幕幕情景，我们有多少时间没有好好地手牵手散个步了。

我突然冒出一个想和老公去旅游的想法，享受一段没有孩子、没有工作，只属于我们俩的时光，想着想着不禁嘴角上扬，心花悄悄地怒放。

这期间，吸引力法则课程抱团学习正在招募小组长。我头脑中闪过了一个念头，我得挑战一下：是时候借机改变一下自己的现状了。

于是，我就当上了广东小组的学习的组长，每天就利用陪孩子的时间来听老师的音频教材，晚上再花一个小时的时间组织群里的分享互动。

真的非常感谢我当时这个大胆的决定，时隔大半年，再次聆听，老师的语音还是非常有力量。之前心中的压力和莫名其妙的焦虑在持续的学习和分享中释放了，内心慢慢地升起了一种安定感和阳光般的温煦。

这份安定和温煦的力量会传染，它也鼓舞了我的家人和孩子。虽然客观上的事实并没有发生改变，但是明显地感觉到家里弥漫的那份紧张的愁云消散了许多。

一天老公突然对我说，他去年年终被评为公司的优秀员工，公司奖励七天带薪国外旅游度假。旅游目的地就是去日本，正值樱花季，还可以带家属。

听到这里，我不禁惊呆了，因为之前下订单写愿景板的时候，在想去旅游的国家的那栏，我总共就写了四个国家：第一个是到韩国感受浪漫韩剧的情景，第二个就是日本赏樱观富士山，第三个是到希腊爱琴海吹吹风，第四个去泰国刷卡购物。

这个愿景板的内容我早就忘记了，韩国之旅早已实现，眼看第二个马上就要实现了。

再看看行程安排，真的有赏樱和登富士山这两个项目，不禁欣喜若狂，惊呼宇宙太爱我了。

　　头脑中马上浮现出来樱花之旅二人世界的景象，想象着站在樱花脚下牵手祈祷，樱花的花瓣飘落在我们的身上，有一种偶像剧场的浪漫和温馨，想到这我不禁笑出声来。

　　我极力压住内心的欣喜，迟迟不敢把这个消息告诉公公婆婆。在这个正需要人手的节骨眼上，我实在是开不了口说我要去旅游，而且一走就是一星期。

　　心里浮现出各种怀疑的声音：公公这次病得这么严重，能如期地恢复身体吗？我走了还有谁能帮我带孩子？我离开的时候，女儿能愉快地与我告别吗？她会不会在我离别的时候哭得撕心裂肺，会不会每天都找妈妈？会不会给她造成不好的心理影响？真的可以了无牵挂地享受这个旅行吗？

　　这些"好声音"使我内心很纠结，这种矛盾心情实在是不好受。若是以前，我想我恐怕就要放弃这个机会了。

　　是时候处理一下自己的负面情绪了，我想起小组学习一位姐妹的话："宇宙就像是快递员，给你送订单的时候，被你的这些负面的情绪挡住了路。要及时清理掉，这样宇宙才能继续为你送订单！"

　　难道不是吗？都已经有了这样的机会，但自己的心底却不能相信自己会梦想成真。宇宙呼应我们的从来都不是订单的字面意思，而是我们内心最真实的感觉。若我紧抱着这些"好声音"不放，纵使我嘴巴里说我再想去，我也终将不能实现，因为我的心不允许。当我尝试不断持续地清理，心情也慢慢地恢复了平静，各种担忧和纠结渐渐消失。

　　后来，我学习到感恩是这个世界上最高的振动频率。于是，我给公公和婆婆各自编辑了一条微信，感恩他们一直事无巨细地照顾我的女儿，照顾整个家庭，现在我一个人带着宝宝，更是发觉他们有多么的不容易，内心十分感恩。

　　接下来的一个多星期，事情突然有了很大地转变，首先是天气逐渐转暖，非常有利于公公的身体恢复，他的精神越来越好，可以出院了。有一天婆婆突然开口问我，是不是要去日本旅游，并且对我表示："想去就去吧，孩子我会照顾好的。"

　　听到这一番话的时候，我热泪盈眶，真的太感恩了，我的中国好婆婆，真的

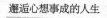

谢谢您。

离旅行的日期越来越近了，据天气预报，有好几天都是下雨的状态，导游们也再三提醒多带防寒衣服和雨伞。

临行之前，我又开始下订单了：

> 亲爱的宇宙爸爸，我要我的樱花之旅符合以下的几个特质：
>
> 1. 往返的飞机准点，出入境排队人数少，过关顺利，平安喜悦。
>
> 2. 樱花正盛，赏樱的人不多，让自己有机会最大程度享受樱花之美，而不是如之前看过的报道，一片黑压压的人头盖住了美丽的樱花。
>
> 3. 旅游的天气晴朗，能最好地享受风景和感受当地的风情。
>
> 4. 旅途吃住行程体验感受良好，和老公有一个愉悦的沟通和难忘的体验。
>
> 所有比这更好的也行，并你觉得以对我最好的方式实现，请我移除所有的限制性的想法和信念，谢谢你，我爱你。

下完订单，带着美好的心情去体验我的樱花之旅，简直就是奇迹连连。

愉快出发

首先是我的女儿在和我告别的时候，表现得出奇的好，她微笑着跟我挥手告别，还给了我一个飞吻。

出国过关排队的时候人也并不多，非常顺利地办好了出入境的手续，飞机也是非常的准点和舒适。在飞机上还和老公看了一部回忆青春岁月的电影，我十分感动，电影也超级符合这次的旅行的主旋律。

十星级酒店

下了飞机，迎接我们的地接导游是一个高高壮壮的、很帅气的大哥哥，而司机是一个五六十岁的叔叔，满脸都写着和善，年纪这么大了，还在帮我们一行人小心翼翼地搬行李。

跟他说一声"阿里嘎多"，他就会用一个太阳般灿烂的笑脸回应。

上了车，导游就开始跟我们打"预防针"：日本的酒店最大特点就是小，比中国香港的酒店还小，但是会很干净。特别现在正值樱花季，是旅游的旺季，来旅游的人特别多，能订到酒店就已经是一件不错的事情，所以请不要对房间的大小抱太大的期望。

导游还说日本没有像中国那样对酒店分成多少个星级，如果非得以星级来衡量，有一个方法：那就是看从门口走到床需要多少步，一步就一星，能走五步就能算五星酒店了。

可是几天住下来，我们分配到的酒店是相当地阔绰，特别是第三天的温泉酒店，是一个日式的榻榻米的形式，一房一厅还配个露天的阳台，若按导游的方法，那可不得是十几星级了，实在是令我太惊喜、太意外了。

悠然自得赏花

据导游说日本的樱花期很短，大概也就一两个星期的黄金观赏期。

来得太早，只能看花骨朵，来得太晚了，花已凋零，所以这个旅游旺季交通也会拥堵。

导游非常贴心地帮我们调整了旅游线路，一路上的车程都非常畅通。当我们抵达相模湖，一片青山樱海映入眼帘，再配上娇艳的桃花和蓝天白云，整个人都心旷神怡。

换上精美的和服，和老公牵手散步于这一片世外桃源之中，坐着最原始的缆车，感觉整个身心都放松了下来。关键是在这个樱花旺季之中，不仅身处如此优美的世外桃源，并且就只有我们的一个团，没有长长的排队，没有黑压压的人头，一切惬意如料。

神奇富士山之旅

令我感到意外的是，不单单这一个景点是如此悠闲自在，我们所到之处，都没有遇到熙熙攘攘的人群，最令我感到神奇的还是富士山之旅。

根据导游给我们的知识普及，富士山全年平均可见日才有 160 天左右，而且在一天之中，天气也是变幻莫测的。

这个我们已有体会，行程中两度路过它，当导游告诉我们那就是闻名世界的富士山时，我们完全没有任何的感觉。

因为当云海和山顶的积雪融合在一起的时候，是完全不能辨别的。

当听到这里，远眺着云雾弥漫的富士山，不禁赶紧在心中默默地下订单：我想要看到富士山全貌，请宇宙爸爸将山顶的云雾散开，并做出最好的安排。接着我就默默地清理负面信息。

奇迹就这么发生了，当我们到达富士山脚下的时候，果然是晴空万里，山上的积雪在明媚的阳光下格外的耀眼。

司机对我们说，这是他这一个月以来看到富士山天气最好的时刻。

他还非常俏皮地对我们说："昨天晚上我就悄悄地爬到富士山顶，为你们擦去了萦绕的云雾。"

谢谢可爱的司机。

更有趣的是，当我们的车往山腰行进的时候，山上的天气瞬时变换了景象，马上来了个漫山的云雾萦绕，犹如仙境，让我们体会了一把云深不知处的奥妙。

据一个同去富士山的同学说，他们团尾随我们上山，已经有很多云覆盖着山峰了。

从富士山下来，我们参观了富士山地震火山博物馆，真真切切地感受到了日本这个狭小的国家在地质上真的是多灾多难的国家。

特别是当我到了忍野八海，和心爱的人牵手漫步在这个宁静的小村庄，喝着无比清澈甘甜的"长寿水"，看着一栋栋的田间别墅，跟我的愿景板的景象是如此的相似。

　　不禁双手合十，祈祷这次的日本之旅平安顺利，也祈祷富士山的火山永不爆发，山下的居民们永远平安宁静。

美妙的天气

　　不得不说宇宙爸爸实在是太爱我们了，我们在日本玩的那几天，深圳正下着大暴雨。但我们游玩日本时的天气非常好，只有最后一天走在那座有历史文化沉淀的京都，走在有如江南水乡般的清新的大阪公园时，下着蒙蒙细雨，但这非常的恰到好处。

　　那天呈现着犹如烟雨江南般水墨画的情景，这也是我非常喜欢的风景。

　　导游和司机都非常友善，给我们介绍了不少自己想要知道的风俗民情、地理特点、教育和文化，指引我们去体验日本的那些最能在细微之中见真情的地方。

精致可口的美食

　　此次旅行就连吃的也非常的如我所愿，去之前听过太多的人说吃不惯日本料理，我也很担心如此挑食的我会不适应日本的口味。谢谢宇宙的厚爱，派咱们的组员芬芬及时地分享了一篇关于在意识上入乡随俗的"调频"文章。

　　当我把自己的"频道"调到"日本人"的时候，我惊奇地发现我们的团餐种类非常的丰富，荤素搭配非常地符合营养的要求，清淡却也可口美味，这正是我一直想追求的一种完美状态。

顺利返程

　　四月十五日，一眨眼六天的行程就要结束，深圳的暴雨还在继续，准备回程的时候，听到不少团友议论，担心暴雨导致飞机无法顺利降落。

经过这一连串的奇遇，我的内心非常笃定地相信回程会非常的顺利，结果证明我再一次心想事成：深圳的雨停了。

当我回到家舒服地躺在沙发上的时候，收到了许多好友和九数咨询者发来关心的消息。才知道回国后第二天，日本九州发生了强震，当地受灾严重，机场也是一片混乱，造成了局部的滞留。

谢天谢地，我们无法预知和阻止天灾，但能够在天灾发生之前全身而退、平安顺利归来也是一份莫大的福分。

感恩宇宙给了我这次难忘的浪漫樱花之旅，我不仅收获了亲情的温暖、爱情的升华，收获了咨询者带给我的感动和友谊，更是收获了对生命的感恩。

我深深地体会到：只要我真心想要，全宇宙的资源都会集中起来为我实现梦想。

Grace 点评：读完安娜唯美浪漫的樱海之旅，我们仿佛也沉醉在那一片醉人的花海里，观赏壮丽的富士山，泡着温泉，闻着新鲜的空气……简直就如同韩剧中镜头一样完美，让人向往极了。

她之所以顺利实现梦想，有很多值得借鉴的地方：

1. 勇敢对内在的小声音说"不"：她的日本之行订单眼看就要实现的时候，却遇到家庭的一些突发事件：公公重病需要婆婆全心照顾，年幼的孩子需要人陪伴，自己的工作也忙碌不堪，在这样的情况下，任凭谁都不会相信自己的可以抽出 7 天时间出国旅游。

忙乱之中，她勇敢挑战担任学习组长，并将学习课程的美好状态传递给家人，从而无形中改善了紧张的气氛。同时，她及时做了清理和感恩。爱和感恩是世界上最高的振动频率，它们都可以帮你调整振动频率。

很快，生活画面就出现了转机：公公日渐康复，婆婆主动提出让她放心去旅游，这简直就是惊天大逆转！

宇宙就是这么神奇，它不会在乎你口头说要做什么，而只在乎你内在的思想和感觉。

2. 爱自己会加速订单实现：越是生活中出现了难熬的时刻，我们越发不能忘记爱自己。就像安娜的家庭出现了困境的时候，她的内心聚焦的不是诸如"为何老天安排这样的考验""为什么没人来减轻压力"等负面情绪。相反，她在内心跟自己说：我需要跟老公享受一次浪漫的青春之旅！

正是由于她向宇宙表达了要好好放松一下、重新回味二人世界的美好愿景，宇宙才会调集所有资源来帮助她心想事成。

假如她不爱自己，那也没有人能真正爱她，因为"不爱自己"的频率无法跟爱你的人共振。所以，她才能成功吸引到婆婆的支持，让这趟旅行进展得如此完美！

奇妙无比：神奇的七彩云南之旅

分享者：张强

微信：zqhorse

【导读】当我越放松，越不设限，纯然地交由宇宙来运作和显化我的要求，而且对于任何可能的结果都保持容许时，所有美好的画面都显化出来了！

2016 年 1 月，我们决定春节前全家人去云南大理旅游放松一下。

以往的家庭旅行，一般我都要提前做攻略，定好基本的行程安排，这样出发时才会比较安心。

这一次由于特别忙，直到临行前的一周，我才把来回的机票、住宿等敲定。

不过，这次旅游本来就打算是带着全家人去放松的，所以也没有什么压力。我心想：大不了去大理古城，到洱海边晒晒太阳也挺不错。

同时，我内心默默地给宇宙下了一下订单：我相信这次全家的大理之行一定会非常轻松愉快。结果，这趟旅行让我体验了一些特别奇妙的经历。

完美的昆明酒店

基于机票费用的考虑，去的时候途经昆明住宿一晚，再从昆明飞往大理。

昆明有多年不见的大学同学，在我订好机票之后，就告诉了其中一位同学 Y。1 月 31 日，我们飞至昆明。

Y 询问了我们飞机落地的时间以及晚上住宿的地点，然后问我第二天计划如何去大理。我告诉他坐飞机去大理，他说我们预订的酒店是市中心偏西，第二天去机场有点远，不一定方便。要是我还可以退的话，建议我换一个酒店。

我这才想起很久以前去昆明的时候，当时还是用老机场，离市区非常近。而这两年昆明启用新机场之后，离市区很远。

我们第二天要早起，离机场交通不便确实是一个问题。

于是我问 Y，住在哪一个区域会比较好。他建议我住 X 酒店，说那个酒店就在昆明机场巴士线的某一站旁，他们公司还有协议价，需要的话也可以找他。

我马上在网上搜了一下，X 酒店在网上价格和协议价基本没太有差别。

此时，我通过搜索附近的酒店，还发现了另一个图片看起来还不错的 J 酒店，价格还更优惠，离 Y 提到的那个酒店距离也不过 1 公里。

我想第二天一早，从酒店打车前往机场巴士站 X 酒店那里也可以。

于是，我告诉 Y，说我准备定 J 酒店。

他说："你确定 J 酒店是这个价位吗?"

我说："是啊!"

他说："那你就直接订吧，印象里 J 酒店比 X 酒店更好，价格也应该更贵。"

我说："价格确实比 X 还优惠，第二天我们去乘坐机场巴士也很方便。"

结果，Y 说："不用了，J 酒店也是那趟机场巴士线的终点站。"

当时我就为这种巧合感到震惊。事后证明，J 酒店的地理位置简直出奇的好，我们从昆明机场出来坐机场巴士直接坐到酒店门口，犹如专线。

第二天早上，我们睡到快 7 点才起床然后退房，出了酒店大堂就上车，太方便了。若是住自己之前定的酒店，且不说可能要转车或打车，而且必须很早就要出发，否则在市区早上还有可能堵车。另外，J 酒店的设施非常好，全家人都很满意，堪称完美!

那天早上，坐在前往昆明机场的大巴上，我回味刚刚离开的酒店 J，心里还觉得不可思议：这一切都太巧了。心中一阵窃喜，我知道这么多巧合和完美一定是宇宙在背后默默安排的！

大理奇遇记

在昆明到大理的飞机上，老婆问我："待会下了飞机怎么去古城?"

我说："还不清楚呢!"

因为在临行前的晚上，我在网上搜了一下大理机场到大理古城的走法：没有机场大巴，可以选择乘坐 M 路公交车到大理下关，然后从大理下关坐 N 路公交车到大理古城。还可以选择坐出租车，可能需要拼车。小城市一般来说即使有出租车也基本不打表，所以一切都不确定。我想着大不了出机场看看其他人怎么走，到时候自行决定。

待飞机降落后，第一感觉：哇，好小的机场。

当时正好快到中午，冬日里，阳光很明媚，很温暖。

我们拿了行李，走出机场大厅，顺着人流往左走，准备看看出租车或者公交车站在哪里。结果还没走到 20 米远，忽然发现路上停靠了一辆小中巴，上面有一个牌子，上面写着去下关和古城。

我当时的第一反应也许是什么私营车辆，不过还是决定上前问了一下："是直接到古城吗? 多少钱?"对方告诉我是去古城，并且价格也很合理。因为里面也没坐其他人，我又问："这是私营的吗?"那位售票员告诉我："不是，是机场巴士"。

当时听完非常吃惊，因为我网上看到的信息说大理当地没开通机场巴士，再说这个小中巴怎么看也不像啊。不过售票员看着也蛮朴实的，那就坐这个车吧。

后来，售票员在车上说她们是大理古城旅游局的，这个古城到机场的直达专线也是最近才开放的。因为人少，所以从古城回机场的，每天只有 5 班，分别在哪几个时间点可以上车，而且需要提前预订。

我当时就有一种被幸福击中的感觉：这也太巧合了吧！

话说从古城回机场，我之前了解过：除了坐反向公交以外，多数是找自己所住的客栈的老板开车送。新开的机场到古城的专线，不但从机场去古城可以这么快捷省心实惠，而且回程的交通方式也不用操心了。这简直太棒了！

在开往古城的途中，有一个姑娘问司机最后要在古城哪里停。

司机说："在古城南门的游客中心停车。"

当时，我和我老婆都听见了这样的对话。老婆问我："我们住古城哪个方位啊？"

实话说我也记不住啊，我掏出手机，看了看在"去哪儿"网上的订单，打开地图，我当时几乎快震惊了：我在古城订的客栈居然就在古城南门附近。老婆也流露出惊喜的表情，我得意地说："看来咱们的运气太好了。"其实我知道，这背后一定是宇宙在暗中帮助我。

小中巴到了终点站，我用手机看了一下方向，步行就到了我所预订的客栈了。

通常去大理古城的游客，一般到达之后，都会给客栈老板打电话，然后客栈老板开车来接。想到这里我简直快要情不自禁地笑出来了，真的太奇妙了。

再回过头看看一周前我是怎么订的客栈：在去哪网上搜索，大理古城可以住的客栈多如牛毛。看评论，每家客栈都有很多好评，说老板好，位置好啊之类的，其实也没法作为挑选的标准。最后，我运用右脑思考：在看很多客栈的时候，挑了几家自己有感觉的放到收藏夹里，第二天又看了一下，觉得还有感觉的，就订了。

我根本没想到我选的这个客栈地理位置这么棒。而且由于临近春节，我选择的第一家客栈只有前四天有房，所以对于大理的后面两天行程，我提前订了另外一家客栈。

当时想着换换地方住也还是蛮不错的。订完后，惊喜发现两家客栈居然很近，不过当时也没多想。

　　回想一下，我挑选的两家客栈离南门游客中心都非常近，不仅仅是当天坐中巴到达古城时，给我了一种意外的惊喜。后来，我们在古城溜达的时候，才发现这个位置选得真是绝佳啊。

　　我们后来去很多景点，从南门游客中心出发非常方便。而且，我原来以为大理古城和丽江古城、凤凰古城一样，都很小，所以当初选择客栈的时候，对地理位置没有特别在意，到了以后才发现，大理古城要比丽江古城、凤凰古城都大得多，不是随便花点时间就能逛完的。

　　所以，我越加感谢宇宙的绝佳安排。我以为关于大理客栈的住宿有这么多巧合已经很棒了，但是谁知道还有更好的礼物等着我们呢！

畅游鸡足山

　　在大理我们游览了不少景点，大学同学 W 在大理下关，听说我来了以后，陪我们去洱海游玩了一天。

　　晚上，两家人一起吃饭的时候，W 的老婆跟我们提起了鸡足山，我才知道鸡足山有很深的人文背景。

　　据说是释迦牟尼大弟子迦叶尊者的道场，同时也是非常高寿和有名望的虚云老和尚最早发愿修缮的寺庙祝圣寺的所在地。

　　她告诉我们，云南本地人几乎年年都去。我们问要花多长时间，她说之前一般都要两天来回，最近高速修好了，自驾车一般一天可以来回了，但是如果游客要单独去，乘公共交通工具可能不方便，估计得包车。

　　我听完，觉得对我们的行程安排不太合适，也就罢了。

　　第二天，我们去游客中心买票去坐苍山索道，发现里面有鸡足山景点介绍的宣传单。和游客中心的工作人员聊了一下，对方告诉我们，这个景点非常有名，因为现在修通高速了，当天就能往返，也非常值得去。

　　就这样，鸡足山这个原先我们并不知道的景点，就这样先被 W 同学的老婆无意中提起，吸引了我们的注意，可就在我们以为游客自行前往可能不是太方便时，又发现大理本地旅游直通车可以一天往返这个景点。

这样我们不是就可以去了吗？面对这样明显的暗示，我和我老婆商量后，决定顺势而为，预订第二天去鸡足山的行程。

谁知在订票登记的时候，那个工作人员顺口说了一句，又让我大吃一惊。

她说："这条线路是 1 月中旬才开通的，到目前也就开通了两周。"

我听完对方的话，当时猛然有一种惊讶的感觉：宇宙真是太照顾我们了啊！

难怪我之前浏览别人的行程，几乎都没涉及鸡足山，因为之前要两天或者要自驾才方便去，现在当地旅游部门新开辟了这条旅游线路，而且居然就在我们到大理之前两周才开的，我们现在不需要包车就可以一天往返这个当地人都说好的地方，我简直觉得自己太幸运了。

事实证明，鸡足山这个地方也非常有灵气，我们一家人都非常喜欢。简直完美极了啊！

去鸡足山的那天，因为路上有 2 个小时的车程，所以出发的时间比较早。

还记得之前提到，我们在大理古城一共订了两家客栈吗？去鸡足山的那天，正好到了我们第一家客栈要退房的日子，于是那天我们早起收拾好行李之后，先把行李寄存到第一家客栈，然后出去吃早点，再步行前往游客中心乘车。

下午回来后，到古城玩了一圈，吃过晚饭后，就回到第一家客栈，取回行李。然后，万分惊讶的是我们竟然只走了几步，就到了我之前预订的第二家客栈。当时游玩了一天，我们都很累，我对自己说："幸亏这两家客栈这么近。否则要是远的话，在大家玩得这么累的情况下，又背行李从一个客栈到另一个客栈，至少要花半个小时吧。"

所以当时我越加觉得当初选择的客栈时，竟然暗藏了这么多奇妙的要素，堪称完美，如有神助！

在大理古城的日子里，我们不疾不徐地游览了古城、三塔崇圣寺、张家花园、苍山索道、鸡足山，和老同学 W 一家人聚会、散步，W 陪我们洱海一日游，品白族当地的特色美食。仔细体会，真的是一场非常美妙的体验！回顾整个这次大理之行，家人都非常开心。

我更是感到惊喜不断、惊讶不断、巧合不断。我毫不怀疑，在这次美妙的旅程中，出现的这么多完美，巧合乃至奇妙的体验其实就是宇宙对我订单的回应。

我发现：内心的全然放松与信任，对这次订单的完美显化起到了很大的作用。当我越放松，越不设限，纯然地交由宇宙来运作和显化我的要求，而且对于任何可能的结果都保持容许时，所有美好的画面都自然显化出来了！

宇宙，我太爱你了！

Grace 点评： 看完强哥无比美好的云南之旅，我们被他带入一个又一个惊喜的故事中，不禁让人感慨万千：

1. 跟随灵感行动：下完订单，一切交给宇宙吧。你只需要追随灵感行动，比如他选择客栈，用了很感性的右脑来选出最有感觉的两家，结果没料到惊喜连连，它们不仅距离很近，而且位置绝佳。

2. 随顺宇宙安排：当我们轻松自如，带着美好的心情上路，放下对事情结果的掌控时，宇宙总会恰如其时地替你做出绝佳的选择。因为它比你自己更懂得什么符合你的最佳利益。所以，臣服和随顺蕴藏着极大的正面力量和无穷的智慧。

畅游爱琴海：十全十美的一天

分享者：Grace

微信：sh2745785547

【导读】你相信什么，宇宙就会给你什么，生命中所有的体验，都来自于你思想所聚焦的一切。你想要怎样的人生，完全取决于你自己！

据说，世界第一催眠大师马修·史维曾写过一篇《十全十美的一天》，里面图文并茂的描述了 5 年后自己梦想的一天。结果几年过去了，那些浪漫的画面和喜悦的镜头全都真实上演了。

我从他的故事中汲取了很多力量：你相信什么，宇宙就会给你什么，生命中所有的体验，都来自于你思想所聚焦的一切。

因此，我也效仿他写了一篇自己的《十全十美的一天》。

我期待，不久的将来，这一切也会发生在自己身上，因为每个人都是奇迹的见证者！

2019 年 7 月 7 日，是一个难忘的日子，昨晚一夜美梦，在窗帘微微透进来的阳光中，揉揉惺忪的睡眠，发觉自己正躺在 3 年前跟宇宙下过订单的漂亮海景房里。没错！此时，我正美美地住在希腊爱琴海边上的一幢两层阁楼，窗台、楼道都爬满了漂亮的藤萝花的小旅馆里，与先生和儿子一同享受为期 3 周的休闲度假之旅。

此刻，先生已经不在身旁。我轻轻拉开窗帘，探头向外看了一眼，他正站在落地玻璃窗的海景阳台观看爱琴海的日出：他穿着休闲的阿迪达斯运动套装，白底蓝条纹的休闲鞋，青春阳光，侧脸看去，依然跟 15 年认识他时候一样帅气迷人。清晨的阳光照在他的身上，海风轻轻吹拂他的头发。

这一切，那么宁谧而美好，真不忍心去打破此刻的宁静，我用已静音的手机给他拍了一张背影照片。

随后，我下地穿上拖鞋，身上穿着最喜爱的缀满粉色蕾丝花朵的真丝睡衣，披了一件轻薄的蓝色针织衫，轻巧地走到阳台上，从背后轻轻地抱住了先生的腰，他扭过脸来，显然有些吃惊，他含情脉脉地看着我，没有言语，轻轻地吻了我。那一刻，感觉太美好了，世界仿佛都停止了！

随后，我们一起进屋，来到宝贝的儿童房里。此时，儿子正在酣睡中，粉嫩的小脸蛋时不时露出甜美的笑容。

儿子穿着白色纯棉睡衣，上面有他最喜欢的蓝色托马斯火车，已经 7 岁半的小伙子，皮肤白皙，双眼皮终于长出来了，总算有点像妈妈的地方了，越来越有自己的想法，喜欢蓝色的衣服，依然和儿时一样酷爱汽车、飞机，家里玩具和书大多是关于车子、飞机和轮船。

每天出门，他都要自己搭配最爱的衣服，有自己独特的想法。水瓶座的小朋友果然喜欢特立独行，任何时候都不喜欢和别人做一样的事情。

儿时，他喜欢画汽车，各种工程车、小汽车等都在自己的小绘画本上画满了，然后要求妈妈帮忙涂色，如今他已经可以自己独立画得很漂亮，并涂上喜欢的颜色了。

我和先生都不由自主地吻了吻我们帅气迷人的小王子，他似乎感觉到了，转过身继续呼呼大睡。

随后，先生轻轻拉起我的手，一起走进漂亮的厨房，刚到门口就闻到扑鼻的香味。原来他已经精心准备了早餐：香草味烤面包、鲜榨橙汁、鸡蛋、诱人的樱桃果酱……

先生说："亲爱的，平常都是你为我做早餐，这个假日我要让你享受当女王的感觉，我们一起尽情享用吧。"

吃着香草味的烤面包，我仿佛回到 10 多年前，我们刚在一起的美好时光：24 岁的生日，他亲手为我做了生日烛光晚餐，那时、那景依然在脑海中清晰地闪现，感觉美妙极了，时光虽然在流逝，但我们依然陪伴在彼此身边，这就是宇宙最美好的恩典。

等儿子醒来，吃过最爱的草莓酱面包和橙汁后，换上最酷蓝底红色超人的运动装，上午我们准备在附近的海边走一走，看看风景，累了就喝杯咖啡，吃点点心。

海边美极了，阳光照耀下雪白的沙子，蔚蓝的海水跟浅蓝的天空水天一色，几乎看不到分界线。

我穿了最喜爱的白色吊带长裙，大大的太阳帽，还有遮阳镜，让先生和儿子给我拍了许多漂亮的照片。

小伙子越长大，越不喜欢拍照了，不过很喜欢当摄影师，让妈妈当模特，哈哈，真有趣！

走了一段路，父子俩都觉得有点累，我们就坐下来吃东西，迎着海风，光着脚踩在沙滩上，坐在海边的休闲椅上，气若神闲的感觉棒极了！

我最喜欢喝猕猴桃奶昔，外加蓝莓曲奇小点心，先生喜欢喝杯香浓卡布奇诺咖啡，宝贝一如既往地喜欢西瓜汁，跟小时候每次去餐厅一样，必点鲜榨西瓜汁。

我们就这样欣赏着海边的美景，走走停停，午餐是在海边吃了可口的希腊海鲜大餐，味道鲜美，唇齿留香，宝贝边摸着鼓鼓的肚皮，边开心地说："晚餐还要吃这个美味的鱿鱼和海鲜沙拉。"

午餐过后，我们坐了一辆海边巴士回到宾馆，美美地睡了一个午觉，午觉过后，已经 3 点钟了，我们整装待发，去了传说中的希腊七彩街头随意逛逛，偶尔坐下来喝茶、聊天，有的门窗被漆成和天空一样的蓝色，有的门头挂满了彩色的花朵，还有各种色彩斑斓的小路、遮阳伞，让人仿佛置身于一个美妙的童话世界！

非常幸运地看到了传说中街头的艺术展，各种夸张造型，团花簇锦，引来无数路人拍照留念。

天色渐渐暗下来了，宝贝提议要去大轮船上吃晚餐，这小子从小就喜欢船，这下有机会在船上吃饭，兴奋得不得了。

就在我们转身招手打出租车的时候，我看到街角一间布置非常典雅的书店，装饰是中欧结合的风格。

书店非常安静，人们都坐在咖啡桌边安静地读书，偶尔跟伙伴们相视而笑，尽管都是英文的，但我很好奇都有些什么畅销书，无意中看到一本淡蓝色封面很熟悉的书，书名为 *Meeting With Happiness*。上面写着：writer：Grace Zhang（The best seller author from Shanghai, China），先生顺着我的目光也看到了，我们微笑着一起默契地翻看了一会儿，就静悄悄地走开了。

晚餐时光就在一所超豪华的游艇餐厅里度过，我们三人坐在靠窗的位置，我和先生喝了点葡萄酒，看着海面上波光粼粼，星火与灯光交相辉映，欣赏着异国他乡的风情，感觉美妙极了，先生沉醉在美景中不能自拔。

宝贝游玩了一整天，已是人困马乏，靠在窗边睡着了。

10点钟，游艇餐厅要打烊了，我们方才起身离开，回到干净温馨的宾馆，沐浴休息。

凌晨，耳边传来父子俩甜美的呼吸声，此起彼伏，我写好今天的感恩日记，也准备入梦了。

感恩这美妙的一天，感恩这个美丽的国度带给我的十全十美的一天。

Grace 点评：生命中的一切，包括爱人、车子和房子，毫无例外，都是我们自己吸引过来的。吸引力法则像万有引力一样，时时刻刻都在运行着。任何愿望，只要刻画于心，迟早都会在生命中上演的！

人生志业篇

带娃、工作两不误：超级"九数解读师"养成记

分享者：刘庆凤
微信：3358924209

【导读】量子物理学家告诉我们：整个宇宙是从思想中出现的。你借由思想和吸引力法则，创造出你自己的生命，而且人人皆然。很多人之所以没法运用吸引力法则，最主要的原因是潜意识把自己清晰的主观意识打败了，从此你听从了潜意识的安排！

吸引人生志业：九数能量解读师

在学习吸引力法则以前，我不知道跟宇宙下订单达到心想事成的境界是有操作步骤的。但是，老天爷对我很好，让我误打误撞，几乎做对了所有的步骤。

我大学读的专业是英语，其实我并不喜欢考试化的英语，单纯喜欢的是用它来跟别人交流。

毕业后成为一名中学教师，虽然教学受到了领导的肯定，学生也特别喜欢我，可我总感觉心里缺了一块，不圆满，所以我一直都在努力追寻。后来才知道那是我心里一直存在的渴望，希望给灵性成长道路上有需要的人一些帮助。因此，我想到的第一个梦想就是做咨询师。

趁着假期，我跑到北京一家有名的心理咨询机构应聘咨询助理，应聘的人很多，都是心理学专业的，有本科生，还有研究生。

不过我自己很有信心，这种信心来源于相信自己骨子里就是适合做咨询师的。而且自己在给别人做咨询的那种情景，比如透过咨询者的性格特质、天赋才华等信息给对方的学业、工作提供专业而清晰的建议，甚至对方通过我的咨询生活变得越来越美好的反馈，都在自己脑海中特别清晰地显现出来。

这段经历使我在无意中用"行动"向宇宙宣告我是认真的，"相信"我想要的是可以实现的，而且无意中还进行了"观想"。我填写了好几份心理测评，进行了现场模拟咨询者来电的面试和实习，最终我一人被录用了。

可是后来我离开了，因为传统的心理咨询不是我想要的。我想要做更自由、能更大程度地帮助别人的、适合我的咨询。可是我找不到，我迷茫了。

虽然迷茫，但我还是把订单深深地埋藏在心底，在给别人做咨询的那种情景在自己心中依然是特别的清晰。

那时候，我还不懂得清理负面情绪，所以把那份迷茫和焦虑埋藏在心底。把焦点放在日常的生活上，每天用心地感受生活，感受大自然的美好、家庭的温馨、同事之间的美好情谊。

直到有一天，秋恺老师推出了"九数生命能量学一对一咨询"，咨询的时候我问老师以我的天赋，可以像他一样做咨询吗？

老师很肯定地说："可以啊。"

沉睡在心底的咨询师梦开始苏醒了。

虽然不知有什么途径可以成为像秋恺老师一样的咨询师，但我心里很清楚这就是我想要的。没想到老师后来真的推出了"九数生命能量学"，还有微创业扶持计划。

我迅速报了名，认真学习后通过考核，成为了九数生命能量解读师，我的梦想终于实现了。

　　自从做了解读师后，我的心不再缥缈地追寻，它圆满了。如今回忆这段经历，似乎风轻云淡。然而，这段路程整整花了七年的时间。七年的时间很宝贵，但为了圆梦，也值了。

　　人的运势一般都是十年一大运，去年是我春种年的第一年。很巧，在这一年恰好种下了一颗新的种子——"九数生命能量解读师"，它已经开始在生根发芽了。

　　今年是春种年的第二年，它会把根扎得更深，以待夏长和秋收。对于还没有诞生的东西，宇宙都帮我实现了，如成为像秋恺老师一样的九数咨询师。这让我更加坚信：只要我真心想要的，宇宙都会帮我实现的。

　　学了吸引力法则的课程，我更加清楚心想事成的步骤了，有时候我没有刻意地下订单，宇宙也还是帮我实现了。

带娃工作两不误

　　在女儿出生之前，我下过一订单：产假期间边带娃边做咨询工作。

　　本来安排好坐月子后依然在娘家住，家里没网络，手机也没法上网，娃不容易带，自己整天都精神不好，边带娃做咨询的计划泡汤了。

　　回来后自己和老公带娃，白天老公上班，我自己带。因为以前娃喝奶不定时，作息没规律，而且还"落地响"，所以我整天几乎都处在喂奶和哄睡，而且还是抱着哄睡，还有补觉当中，做咨询工作的计划依然没法进行。

　　即使情况和我想象得太不一样了，我心里还是期望边带娃边做咨询，而且这种想法很强烈，那种场景经常在心里很清晰地浮现出来：孩子在一边玩耍，我在一边开心地给客户做咨询，每次想起我都很开心，因为能尽己所能用九数帮助他人，我自己也很欣慰。

　　观想真的很给力，宇宙很快给了我更好的灵感。后来，无意中我在网上搜到了 PDF 喂养法。实践一段时间后，成功地让宝宝的作息和喂奶变得有规律了，宝宝的脾气也好了很多。这样，我就实现了一边带娃一边做咨询工作的梦想。

产假结束后，我又下了一订单：我要边工作边带娃边咨询。比上一个订单更牛了。以我的正常思维，是想不出什么办法实现这个订单的，因为带娃我已经很累了，每天去学校上课还要开车来回两小时的路程，回家还有家务在等着我。

不过没关系，我知道宇宙有办法，而且很好奇宇宙用的是什么办法。

这个订单下完的隔天，就收到咨询订单，简直太完美了。来得可真快，我想都没想到啊！

现在，婆婆也来帮忙带娃，宝宝经常能一觉睡到天亮了，真的令人非常惊喜！

看着这一切的发生我心里无比地激动。谢谢宇宙这么积极、这么神速地回应我。

完美的一天

突然想用文字的形式下一个订单：

每天早上穿着自己喜欢的衣服，看着镜子中美美的自己，嘴角不自觉地上扬，开心地对着自己微笑。

然后和宝宝、婆婆道别，轻轻地关上电控门，穿过小区的花园，欣赏着花园里惹人喜爱的鲜花和绿油油的生命之树。

空气真新鲜，深深地吸一口，哇，真舒服！

下午在家高效率地备课、站桩，陪可爱的萌宝宝。

宝宝很乖巧、聪明，喝奶的时候很认真地喝奶，玩的时候很开心地玩，睡觉的时候很安心地睡，每次吃得饱，玩得开心，睡得特别香。

每天心情都美美的，常常笑呵呵的，特别喜欢她冲着我笑和听着她咿咿呀呀地说着没有人能听得懂的话语。

晚上和家人喝喝茶、聊聊天，陪陪可爱的宝宝，这种感觉真好。

然后，开心地去做咨询，每周至少有 4 个咨询订单，咨询时耐心地解读咨询者的九数信息表，一一解开了咨询者遇到的困惑。

内心是满满的欣慰、开心，好有成就感。

咨询后收到咨询者开心满意的反馈，成就别人又能成就自己，心情真好。

然后写一篇见证自己成长文章分享给所有有缘的朋友们。

最后就是和周公约会。

感恩这简单、充实、舒服、开心、快乐、美好、有意义的一天。

宇宙啊，这是我想要的也是我目前能想到的美好的一天，如果有更好的、更适合我的，我非常乐于接受。谢谢你，我爱你。

Grace 点评：超级"九数能量咨询师"庆凤美女的一路心想事成的故事特别励志，告诉我们：

1. 不管你了解与否，吸引力法则时刻都在运转着，所以一定要时刻记得调整思想，让自己处于接收的频率。

2. 遇到问题，要学会及时调整思路，尝试做清理，让心情处于宁静状态，一旦你内在平静了，外在的一切也会跟着改变。总之，宇宙总会以更快更好的方式让你心想事成。

梦想总是要有的，万一实现了呢

分享者：奕鹏

微信：281733649

【导读】又一次，我感觉离梦想越来越近了，甚至可以触摸到，未来的路清
楚又明朗，再也不必纠结。只能用一句话代表我的心情：梦想总是
要有的，万一实现了呢？

很多人经常问我："你是怎么当上秋恺老师特助的呢？"
我总是喜欢说："这是我向宇宙下的订单。"

成为秋恺老师特助

先说说一年前我还没成为特助时的状态吧。

2015 年 2 月，我刚从广州回到老家福建泉州，在外工作把自己的身体糟蹋得
一塌糊涂，回家后常常吃饭只能吃半碗，吃完还要休息，连说话的力气都没有。

当时的我啥事都做不了，我很清楚当下的状态不是我想要的。

但很幸运的是，2012 年我报名了秋恺老师的吸引法则函授课程，学习完课程
之后，我敢于向宇宙下订单了，是这个课程让我打下了非常扎实的基本功。

我常告诉自己：向宇宙下订单又不花钱，万一实现了岂不是很好吗？

当时，我的工作订单是这样下的：我希望可以有一个时间自由，在家工作，收入稳定，有不断上升的空间，自己特别喜欢，还可以成人成己的人生志业。

我是如何下这订单的呢？嘿嘿，这算是我的独门秘籍了。一直以来，我是那种不太容易入睡的人，通常睡前总是有很多时间是在胡思乱想，我常常会在这个时候把自己放空。

每当我把自己调整到完全放松的状态下，我问自己：假设时间是充足的，经济状况也没丝毫压力的情况下，我可以在没有任何约束下做我喜欢的事情，自己一定会做得很好吗？答案是肯定。

记得在我成为特助之前，很多次在睡前非常放松的状态下，持续观想人生志业订单达成后的喜悦，感觉特别美好。

2015 年 3 月 28 日晚上，我闲来无事，就翻看秋恺老师 QQ 空间里的文章，其中一篇文章写的是要招聘特助，当时我看完特别兴奋，激动地把那篇文章反复读了不下十遍。

那时，我很担心自己是不是能胜任特助这份工作，心里很忐忑。但犹豫归犹豫，我还是花了一天半的时间，认真完成了我的履历，这是我第一次写履历，写完根本没底气发给秋恺老师。

但是，最终我还是鼓足勇气找老师聊天，了解这个岗位是否还有应聘机会。跟秋恺老师的聊天中得知，明天就要面试一位前来应征的学员，面试通过后就可以上岗了。好险，还好有聊到，老天真的是对我太宠爱了，要不就错失了这个宝贵的机会。

我立马把捂了几天的履历和自传又认真地看了几遍，当晚发送给秋恺老师。发出去的第二天，我一直在等待，可是到晚上都还没有收到秋恺老师的回复，心想：这次估计没戏了。心情难免有点失落，就出去散散心。

回来的时候，却惊喜地收到秋恺老师的信息。经过详细沟通交流之后，我很荣幸地成为秋恺老师的特助。那一刻，眼泪都快要蹦出来了。

担任任特助的期间，我越来越发现，这份工作非常符合我人生志业订单的条件，甚至比那些条件更好，还有很多意想不到的惊喜。

如今，每天我都做着自己擅长并喜欢的工作，努力和秋恺老师一起为A. S. K. A学员们朋友们提供良好的学习环境和全方位的支持，生活充满了欢乐和欣喜。

成为秋恺老师特助的这一年，刚好走到我的秋收之年，人生真的很奇妙，反观自己之前五年的摸爬滚打，到如今终于开花结果。

我很感恩在过去的五年中换过很多份工作的经历，虽然每份工作的时间都不长，但那些工作就像是一个一个的指示牌，指引我成长为今天的自己。

这也很符合我一直坚信的一句话——一切都是最好的安排。我无比感谢宇宙的安排，感恩自己过去长期的努力和坚持。

成为九数生命能量解读师

幸运还远不止这些，成为特助后，宇宙又送给我一个很棒的礼物。

我一直以来有个心愿，梦想着有一天可以成为一名身心灵方面的讲师。可是我心里很清楚，自己离讲师还有相当大的进步空间。

"我可以从咨询师入手，这个起点会比较低，挑战和压力没那么大，更容易实现我的梦想"，我就这么傻傻下这么一个订单。

秋恺老师是我非常认可的一位讲师，所以当了特助以后，跟随他工作，我深信梦想正离我越来越近。

万万没想到幸福来得太突然，我是2015年4月成为特助，秋恺老师2015年10月推出"九数生命能量学"的课程，我非常期待这次"九数生命能量学"师资班的开课，更期待的是未来的培育扶持计划。

从九数生命能量解读师到幸福人生定制师（像秋恺老师一样的讲师），完全符合我理想的成长轨迹。2015年11月，我成功通过秋恺老师的考核，成为一名九数生命能量解读师。目前，我正努力成为名九数生命能量咨询师。又一次，我感觉离梦想越来越近了，甚至可以触摸到，未来的路清楚又明朗，再也不必纠结。

梦想总是要有的，万一实现了呢？

Grace 点评：读完奕鹏的故事，让人不禁感慨：机会总是留给有准备的人。宇宙也更会青睐那些懂得聆听自己内在真实声音的梦想实现家们。

1. 敢于跟宇宙下订单：很多人还没开始下订单时，尤其是面对自己真心想要但又觉得离自己很遥远的梦想时，内心总有各种担心和纠结。奕鹏在下人生志业订单时，自己身心状况都不是很理想，但他还是勇敢地跟宇宙说出了自己的心声，并且努力在最放松的状态下，观想梦想达成后的画面，宇宙就一步步帮他将梦想的画面显化到真实的生活中。他说得很好："跟宇宙下订单又不要钱，万一实现了岂不是很美好？"

2. 行动是一切的关键：奕鹏看到秋恺老师发布招聘特助的信息后，虽然内心不相信自己可以胜任，但是他还是积极整理履历，并鼓足勇气发送出去，努力抓住一线机会。这一切都表明行动的重要性，宇宙不喜欢拖延，循着灵感快速行动是心想事成特别关键的一环。

亲爱的，你可以过喜欢的生活

分享者：**Grace**

微信：**sh2745785547**

【导读】如果你说挣钱是最最重要的事情，你就会穷极一生浪费时间。你将会做你不喜欢的事情。只是为了生活去做，然后继续不断地重复做你不喜欢的事情，那是很愚蠢的。拥有一个短暂但做自己喜欢事情的人生，好过拥有漫长而过得糟糕的一生。因为，如果你真的喜欢你所做的事情，不论它是什么，你最终都会成为这一行的大师。

接触"吸引力法则"和"人生志业"

2014 年创业时，经朋友推荐，我接触了澳洲朗达·拜恩风靡全球的《秘密》和吸引力法则。

读第一遍的时候，我就被"思想创造实相"这种全新的理念深深吸引，天生的好奇心，让我一门心思地踏上了学习吸引力法则的旅途。

2014 年夏天，机缘巧合，我非常幸运地认识了台湾著名的吸引力法则导师秋恺老师，决心跟随他系统学习吸引力法则。

当时，我很明白：进入一个全新的领域，最简单的途径就是接近这个领域的高人。而最高效的办法就是成为他们的客户，为他们的产品和服务埋单。

根据宇宙法则，你总是热衷于找免费的东西，不愿意主动付款埋单，那么你跟宇宙散发的永远都是匮乏的信号，这样很难打开你的财富管道，你只会越来越没钱；相反，你若抱着良好的起心动念去主动付出，宇宙接收到的信息是丰盛富足，进而会调集一切资源，让更多财富和人脉进入你的生命。

在秋恺老师函授课程的第一周，我第一次接触到"人生志业"这个词。看看秋恺老师是如何定义的吧："有没有什么事，是你一想到就兴奋？都不用别人逼迫，也不用人催促，你自然而然就会全身专注，全心投入，并乐在其中？"

当时，我仿佛触电了一般，原来这世界上还有这么美的差事，那我这些年苦苦挣扎的数理化、计算机和外贸又算什么呢？

然而，当时我的外贸创业正进展得如火如荼，并且业绩和收入都非常好。

那时的我觉得就算现在找到自己的人生志业，我也不可能丢掉公司和业务不管，转而投入一个陌生的领域，因为我要赚更多的钱，我要早日达到财务自由。但是，从此我在心底埋下了一颗"人生志业"的美丽种子。

很惊喜的是，2015 年 3 月，秋恺老师推出了"九数能量学一对一个人咨询"，我报名了，最后预约在 2015 年 5 月 15 日下午 3 点。

当天，上海一直下着暴雨，我内心祈祷暴雨一定要早点停下，天遂我愿，不到 3 点终于停了。

2 点 57 分，我接到秋恺老师的电话，尽管事前我一直在听他的 YY 录音，但他在电话里的声音更加富有磁性，充满活力，非常亲切，秋恺老师幽默地说："绝对真身哦！"

让我大跌眼镜的是，跟秋恺老师沟通下来，发现外贸仍然不是我擅长的领域。一路辛苦地走到今天，依然不在自己的天赋领域作战，似乎一直在逆势而为，也难怪我一直压力重重呢。可以想见，我要取得点成绩，花了比常人多出多少倍的精力呀！

秋恺老师继续解读，说我属于"浴火凤凰"型，软土星，有爱心和团队奉献精神，典型的右脑发达型人，擅长创意、设计、想象和语言这四个方面，没有任何规划和逻辑思维。

谈到这里，我跟老师谈了我过去的专业学得非常痛苦，一直以为自己天资愚钝。他笑着说："你根本没有一丁点儿逻辑思维，要把工科学好那就奇怪了。"听到这些，我终于释怀了。

接着聊到当时的工作，让我非常诧异的是，秋恺老师说："外贸是需要左右脑都非常发达的人才能做好的，我看到你的九数信息，完全跟我认识的 Grace 相差十万八千里。我分析了你之所以能把外贸做得还不错，主要是靠自己后天坚韧的努力，还有你天生对工作的热情超乎想象，只要你愿意做的工作，一定会不分昼夜地完成，还有最重要的一点，你善于持久作战，换句话说，就是死磕加蛮干，所以外贸成绩还不错！"

听到这里，我觉得这个九数信息太神奇了，仿佛像一面镜子，照亮了我内心深处的那个一直不敢直视的自己。

喜忧参半，开心的是，自己多年努力的外贸行业成绩还不算太差，没有枉费多年的执着。担忧的是，虽然我一直比较喜欢自己的外贸行业，也不遗余力地把青春都奉献进去了，但坦白地说，也许我认识了太多的外贸高手，或者说天分很高的外贸朋友，相比较而言，我对自己所取得的这点成绩并不十分满意，并且这些年无论我如何努力，总是离自己的目标有很大的差距，无论以前在公司上班还是现在自己创业。并且，这份外贸工作一直让我充满焦虑和压力。

说实话，这种忧虑我从没对任何人说起过，通过这次咨询我第一次正视自己内心最深处的痛苦，瞬间轻松了许多。

我也曾怀疑过，外贸也许不是我的最爱或者最擅长的事情，否则为什么要那么辛苦才取得一点成绩呢。但转念一想，比起学习计算机那些痛苦的岁月，这点内心的挣扎根本算不了什么。

此外，我已有了十多年的外贸工作经验，我若放弃外贸，还可以做什么呢？所以，从前不愿意思考这个问题，而咨询过后，我开始思考更多可能的未来。

我问秋恺老师："那我现在如何重新选择行业呢？"

他的建议是："既然外贸已经有这多年的积累，贸然放弃挺可惜的，不妨考虑将自己擅长的设计和创意融合在外贸工作中，比如可以考虑自己花更多的精力去做设计，然后逐步把业务工作转给更加适合的人。"

谈到这里，我有种眼前一亮的感觉，未来，突然豁然开朗了！

踏入寻找人生志业的旅途

一对一咨询后的半年里，我按照老师的建议，开始把国内业务逐步转给全国各地的代理朋友们，外贸业务也停止了无止境开发新客户的状态。

2015 年，我去了很多想去的地方，比如云南、北京、桂林等地方，看到无数的风景，让自己处在前所未有的放松状态，前后回老家 4 次看望母亲，创下我工作以来一年内回家次数的最高纪录。

同时，我开始疯狂地学习灵性成长的课程，我看了很多书，创业日记也逐渐被灵性成长感悟所替代。

2015 年秋天，很偶然的一次机会，我读到澳大利亚身残志坚的励志偶像力克·胡哲的《人生不设限》这本书，被他曲折艰辛的人生经历所感动，他虽然没有四肢，但却过着无数正常人都羡慕不已的生活。

印象最为深刻的一段话是："上帝时刻在眷顾着我们，给我们每个人都有一个特别的安排。也许你暂时迷雾重重，但永远值得去寻找自己人生目的和意义，永远有希望追寻真正的宁静和喜悦。"

他认为没有四肢也是上帝对自己的独特安排，这种笃定的信仰帮他度过了曾经想要自杀、心如死灰的黑暗岁月。

大学毕业，他拿了会计和理财规划双学位，本来按照家人计划，他从事这个会计行业更适合。但从中学时代，他就开始对演讲和传播希望和信心充满热情，于是，他果断听从内心的声音，拖着残疾身躯全世界飞行，奔赴监狱、学校、教会等各个角落，为数百万人带来了希望和力量。

他的故事让我瞬间明白：有生之年，若不能找到自己最擅长、最喜欢的人生志业，迫于生计，辛苦从事着不喜欢的工作，逆流而上，实在太可惜了。

记得之前看乔布斯的演讲，他也觉得人这辈子一定要找到最喜欢，并能让自己发光发热的事业，如果还没找到，一定不要就此止步，要继续寻找，直到找到为止，这样才不会辜负上天给我们的天赋才华。

这让我更加坚信自己关于人生志业的理解，虽然，我明白这条路对我而言，依然漫长，但值得我去努力和尝试。

这时，已经到 2015 年 12 月了，离我计划出国只有不到两周时间了。有天中午，在冥想的时候，我脑海中在反复思考到底如何找到突破口，可以转行到自己真正擅长的领域。突然，脑海里有了一个灵感：为何不做一个吸引力法则方面的公众号，专门分享自己和朋友们运用吸引力心想事成的故事呢？

我为自己的想法惊喜不已，因为自从接触吸引力法则，我仿佛拥有了一支神奇的魔法棒，生活发生了翻天覆地的改变：吸引了无数优质的客户，高质量的朋友圈，同频的朋友，理想的房子，移居海外，等等。

于是，工作狂的热情被激发起来了，我当天就注册了公众号，开始正式运作"吸引力法则的魔法见证"这个公众号。

到目前为止，可以说是这个不经意的举动改变了我接下来的人生，也帮我找到真正的人生志业。

由于每天要保持更新关于吸引力法则的原创文章，我又恢复了创业初期风雨无阻的写原创日记的日子。只是，这一次，我体会到深深的喜悦，因为我做的是自己最喜欢的事情，每天乐此不疲。

关注的粉丝人数在逐步增多，几乎每天都有朋友给我反馈我的文章很温暖，给了他们很多信心和希望。每次听到这样的消息，我内心特别感动，也不禁想：

莫非我的人生使命就是来写作帮助别人吧?

其中我有一篇名叫《亲爱的,你可以过自己想要的生活》的文章,描述我一位大学时代好友可儿努力寻找人生志业的故事,打动了无数的朋友,曾经一度刷爆了我的朋友圈。

3月的时候,我接到微信后台的"原创功能"的邀请和"赞赏"功能的开通,给了我莫名的信心和继续坚持下去的勇气。

最近,每天看到家门口的圣劳伦斯河的那片蓝色海面,让我心底埋藏多年的作家梦开始复活了。很巧合的是,年初我跟好友——聊天时,彼此约定今年我们要出版各自人生的第一部书,哪怕自费也没问题,算是送给自己的一份特别礼物吧。

宇宙真的很有趣,你想要的一切,它都会给你的。正当我们琢磨如何写书的时候,朋友圈就看到一则出书训练营的招募文章,其中规则非常严格:90天的时间,每天晚上12点前必须提交当天的作业,否则会面临惩罚和出局的境况。坦白地说,我当时犹豫了,很担心自己不能坚持下去。

我跟——聊了想法,她认为这是宇宙送给我们的礼物,为何不努力抓住呢?更何况过去300多天不间断地写文章我们都经历过,90天根本不算事儿。于是,我们果断转账报名了。

与此同时,4月我还同时报名了另外的写作训练营和健康训练营,这意味着我每天必须要写3篇原创文章,我以为自己会熬不过去。

结果,一个月过去了,我三个训练营的任务都完成得非常好。尤其我的灵性写作老师,几乎每天点名表扬我,她说:Grace非常用心,她的文章几乎每篇都是精品。

儿时那种因写作而备受老师赞扬的美好感觉,重新回到我的生命里,我仿佛焕发出无限生机,每天我都乐此不疲地坚持写作,并且丝毫不觉得疲惫。

在三个训练营高能量场的浸泡下,我越发变得自信、乐观,发自内心地充满了喜悦和对生命的感恩之情,也让我创作的灵感源源不断。

前几天统计了一下，4 月累计写作远远超过 10 万字，看到这个数字，我自己都被吓了一跳。更让我惊喜的是，这几个月的收入丝毫不比做外贸时候少，各种被动收入源源不断地从四面八方涌来。原来，做喜欢的事情，在擅长的领域作战，就如同畅游在人生的顺流里，一切都是那么的轻松自如。

对于写作，我越来越意识到它是我生命中不可或缺的一部分。4 月初，刚开始写书的时候，我还战战兢兢地担心自己写不好。但如今，我发现当作家的梦想离我越来越近了，近得伸手可及。

我深深体会到：只要你有梦，并且真的很想实现它，那么，宇宙一定会调集所有的资源来帮你！所以，追梦的途中，也许有坎坷，也许有煎熬，但只要我们努力坚持，并能看到梦的样子，我们就一定可以实现它。

Grace 点评：根据我这两年寻找人生志业的旅程，我想给所有迷茫中不知道如何寻找人生志业的朋友几点建议：

1. 一定要坚信自己是带着某种天赋才华来到人世间的，你这辈子的使命就是找到它，让你的人生发热发光。

很多朋友会疑惑，现在的生活中，大多人只盯着如何赚钱，有很多工作自己并不喜欢，但为了生活，我们哪有时间和精力去找自己真正的兴趣爱好？

很多时候，我们走人了一个误区，总觉得爱好跟赚钱是矛盾的。其实不是这样的，如果你能把喜欢的事情，哪怕它非常微不足道，做到极致，那么你浑身就是散发光芒的。那时，金钱和所有的丰盛美好的事物都会源源不断地涌向你的生命。

2. 如果你现在没有过着自己喜欢的生活，有没有认真想过真的是因为家庭、学历、父母、爱人、孩子甚至老板和同事吗？

如果你愿意勇敢尝试迈出第一步，从追求自己想要达成的一件小事情、一个小目标开始，也许，人生将完全会是另一种风景。

一定要坚信：所有人都可以过自己喜欢的生活，只要你发自内心地想要。

3. 借用最近网络热文《如果钱和年龄都不是问题，你想过什么样的人生》里的一段话，送给所有朋友：

"如果你说挣钱是最最重要的事情，你就会穷极一生浪费时间。你将会做你不喜欢的事情。只是为了生活去做，然后继续不断地重复做你不喜欢的事情，那是很愚蠢的。拥有一个短暂但做的是自己喜欢的事情的人生，好过拥有漫长而过得糟糕的一生。因为，如果你真的喜欢你所做的事情，不论它是什么都没有关系，你最终都会成为这一行的大师。"

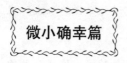

心想事成，让生命充满喜悦（多人见证）

【导读】其实，心想事成是我们每个人与生俱来的能力。如果，你懂得正确
运用吸引力法则，那么心想事成会成为我们生命的常态，让人生充
满了欢乐和喜悦。

帮妈妈心想事成：装修房子和浪漫海南游

分享者：王小雨

微信：rainy_honey1520

我写这篇文章，有一个主要原因是：我在学习群里认识了 Grace 姐，她自从
学习吸引力法则之后，生活和人生志业有了凤凰涅槃般的变化。

Grace 原先一直处于忙碌、生活没有梦想的窒息状态中，通过学习吸引力法则
的课程，如今移居海外，生活悠闲，从事自己喜欢的写作事业中，每天都过着充实
美好的生活。她立志要出版一本书叫《邂逅心想事成的人生》，分享她自己和身边
朋友心想事成的故事，从而帮助他人运用吸引力法则走向幸福美好的人生。

很荣幸的是今年 4 月初我接到 Grace 的邀约，写一篇有关吸引力法则见证的文章。

我认真回想了一下自己的人生经历，还真有一件事情是运用吸引力法则成功

的，只是那时候没有接触吸引力法则并刻意运用它。

那就和大家分享一下这段心想事成的故事吧。

那是 2013 年，我在一个保健品电销中心做话务员，工作将近一年了。来这里上班之前，我自己就已经吃过这个保健品。它是根据个人身体素质结合饮食运动方案搭配吃营养素，我吃了三个月一周期后，发现免疫力提高很多，睡眠、颈椎都得到了改善，直到现在都很少生病。

那时候，我推荐这种保健品给妈妈吃，她一直不相信。

当时，我是住在公司的宿舍楼，偶尔回家。一回家，妈妈总是聊起她想旅游，身体又不好。家里想装修卫生间，我爸又不帮忙等，听得我耳朵都起茧子了。

一直以来，妈妈都是那种困难比办法多的人。她想装修房子，但自己没时间，就把问题都推在我爸身上。我爸对家里的事确实不上心，从来没有主动去为这个家付出过，他总觉得妈妈的提议是唠叨。

一个不停地抱怨，一个不愿意改变。爸爸一直不太有家庭责任感，所以妈妈唠叨再多也没用。

我说那可以找装修队，不用我爸帮忙，妈妈又说费钱。

妈妈还说她这辈子是个浪漫的人，一直想出去走走，从来没出去过，我爸不带她，我说那你可以自己走啊。妈妈又说家里没装修好，没心情走。身体也不好，出去走不动。

坦白地说，特别受不了妈妈这点：想做的事情找借口做不成，做不成又不甘心。把自己逼在不快乐的死胡同里，别人拽都拽不出来。

那时候妈妈确实身体不好，动不动就瘫倒，喘气都没力气，再加上眼底有血栓，随时有失明的危险。

我下定决心一定要让妈妈出去旅游一次，去看看外边的世界。于是，我经常安慰妈妈，让她觉得想做的事都可以实现。

想旅游，就要养好身体，养身体的同时就可以装修家里的卫生间。在妈妈对金钱和时间的重重担心和恐惧中，我列出了一个详尽可行的办法，写在一张纸上并将其贴在墙上：

2013 年 9—10 月：找装修队，装修卫生间，费用两万元。

2013 年 9—12 月：吃一周期营养素调理，一千五百元左右，费用我出。

2013 年 12 月：身体调理好了奖励我爸妈双飞海南游，费用我出。

就这样我开始行动起来，给妈妈开出的调理方案和注意事项，我都写好贴在墙上。然后，我几乎每天给妈妈打电话监督她认真执行。还不时有意无意地提起海南游，激发妈妈的观想能力，提高振动频率。就这样，三个月的时间解决了妈妈唠叨快一年的事情。

海南旅游回来之后，妈妈特别高兴，说坐飞机一点都不像别人说的那么吓人。对于我来说，也完成了让妈妈出去旅行一次的心愿。

回头看来，自己是在不懂得如何运用吸引力法则的情况下跟宇宙下了清晰的订单，然后付出行动，结果也自然水到渠成，让妈妈心想事成。

吸引力法则带我迈向美好人生

分享者：麦伟坚

微信：maiweijian1978

关于吸引力法则的神奇见证，我从四个方面来分享吧。

第一，认识 Grace 的神奇过程。

记得在 2016 年 1 月时候，我参加了通王网校培训，从王通老师 QQ 空间日志知道了放牛哥。通过放牛哥 QQ 空间的日志，又知道了 Grace。

王通老师的文章超过 100 篇，放牛哥的文章超过 500 篇。我是一篇一篇地去看，去学习。这 600 篇文章，我还没看完，就认识了 Grace，我觉得是一件非常神奇的事情。

第二，报名秋恺老师 A. S. K. A. 函授课程。

Grace 在一篇文章中，介绍了秋恺老师的"A. S. K. A. 幸福人生实践宝典"函授课程。

《秘密》这本书，实际上我几年前就接触过，但是觉得这本书写得比较零散，可能多个作者合作完成的，风格不一样的缘故吧。看不下去，没看完。但是，我知道这本书是好书，而且很神奇，一直想参加这方面的学习。

我看过张德芬老师的《遇见未知的自己》，这本书也非常的不错，我很喜欢。

Grace 描述秋恺老师函授课程的时候，提到这个课程德芬老师也曾推荐过，是《秘密》这本书的实操性练习。再加上秋恺老师介绍课程时用踩油门的比喻，我非常喜欢，所以就果断报名参加 A. S. K. A. 函授课程学习，加入了幸福人生大家庭。

能学习这个课程，我觉得就是证明了吸引力法则的同频共振的结果。

第三，理想的人生志业。

我在吸引力法则课程第一周作业中，写下自己的一些小梦想，目前已经实现了不少。现在重点分享人生志业吧。

在谈到人生志业之前，先说说我这些年的工作经验。

我毕业后做了 15 年的软件，从程序员、项目经理、部门经理，到技术总监，也和朋友合伙开过公司。

但是实际上，当部门领导不是我喜欢做的事。我喜欢做的是：提供咨询，做培训，教别人使用软件。可是这些岗位的工资通常都是很低的，根本养不了家。

学会如何跟宇宙下订单后，我才把人生志业的梦想细化了：加入厉害的团队，和一群志同道合的人成立工作室，开心做事，造福社会，顺便赚钱。

后来，我了解到九数生命能量学，这是一份成人成己的神奇事业，让我无比惊喜。所以，我就报名参加了 4 月底的济南专场九数培训课程。现在，九数团队里已经有了 80 多位优秀的解读师，这是一个高能量的团队，而且深圳也有不少伙伴，我非常享受跟大家一起抱团成长的感觉。

感恩宇宙，感恩秋恺老师，让我的人生志业有了清晰的蓝图和轨迹。

第四，大幅改善健康状况。

我以前做软件，经常熬夜加班，身体不大好，还有高血压。

那个时候，我学习了营养学，自学养生，自己调理身体，通过吃番薯，吃健康食物，每天走路1个小时，把高血压治疗好了。

但是，每天下午4点多的时候，很容易饿，这个问题一直都没解决。我明白，这是气虚的原因。学习 A. S. K. A. 函授课程第八周的课程，我学会并开始练习黄庭禅的站桩、静坐。我觉得效果非常明显，目前这个问题已经基本解决了。

非常感恩秋恺老师和张讲师（黄庭禅的张讲师）！

徜徉在心想事成的人生中

分享者：佳佳

微信：lj – jiaer

在生活中，有时，我不敢跟宇宙母亲下订单，因为心想事当下成的速度超级快，快到我都没有确定是不是我想要的，就在思考的瞬间，已经成为现实了，我来分享几个具体实例。

一是吸引咖啡厅优先待遇。

有天，我在星巴克买咖啡，由于前面顾客付款很慢。

我无聊地等着，就在大脑中想，售货员可以帮我先做上，然后我再付款，这样一会就不用等了。

我刚想和售货员沟通，售货员就已经开口了，正是我心中所想。

二是偶遇梦想中的风衣。

在春暖花开的季节，我心心念念地想买一件风衣，逛街的时候会在心中描绘着它的样子。

有一天，我去看电影，电影开演前有30分钟，我在商场里闲逛，无意间看见了一件风衣，就是我想要的样子。

而且还有意外之喜，店员说昨天有位大姐相中了这件风衣，查库存有货，却没有找到，刚刚翻出来，挂上还不到半个小时，我就来了，正好是我的尺码，我的心之所想，而且是当季新款半价，刚好是我想要的心里价位，简直太完美了。

还有很多在购物中的美事，就在前两天，我买了6样商品，有裙子、衣服、鞋子，样样皆是想要买的物品。用不到1000元价格买到了原价5000多元的东西，真是超级幸福，这样的事情在我的生活中已经司空见惯了。

三是吸引完美爱人。

早在几年前，我就想过我的完美爱人大体上的样子，包括工作、能力和性格等。那个时候不知道如何下订单，只是明确自己想要的，然后心存善念，好好工作，好好生活。就这样，慢慢地宇宙母亲帮助我成长，达到了与我的完美爱人同频的能量。

后来，接触到吸引力法则后，我学会了如何下订单，加速了梦想实现的速度，从我学习下订单到和我的完美爱人确定关系都不到半年的时间。目前，我们正沐浴在爱河中。

心想事成仿佛成了生活的常态，时时刻刻徜徉在我的生命中。

那份喜悦，那份幸福，无以言表。

我常常与朋友分享：我都不敢轻意向宇宙要什么了，我得想清楚我要什么。不然，要了就给，给得还特别快，也因此常常遭到幸福的鄙视。

吸引梦想中的手表

分享者：李婷

微信：Lm820920

几年前，同事收到了她老公买的一块价值几万元的手表。

当时，自己真的很喜欢她的手表，但我和现在叫前夫的人各自经济独立，他不会给我买，我自己也不舍得买。

我想那就看几万元的同等价值的书，一定会更有意义吧。

于是，我自己做了笔记，看完一本就记下书名及价格。等我全部看完的时候，神奇的事情发生了，我的朋友根本不知道我喜欢这块表，竟然在我前年的生日时，送给我一块一模一样的手表。

我想也许就是我的看书的这个积极的行动，让宇宙知道了我是玩真的，让自己见证了吸引力的魔力。

帮同事解决 Excel 难题

分享者：伊玲

微信：Elin172579324

某天，已经离职的一位同事在微信上问我："以前我问过你 Excel 表中要做个下拉菜单，那个命令按钮在哪儿？我不记得了，你帮我回忆一下！"

这个命令，我印象深刻，因为当时我也不会，我现学现教她的。

我告诉她："在 Excel 菜单栏上有个'开发工具'，点'插入'就可以看到你要的各种下拉箭头啦！"

当时心里想：不管你要问什么表格问题，都难不倒我，我也一定可以帮到你。

然后，她自己试做去了。

两个小时过去了，微信又闪了，还是那个同事。

她说："为什么不能在这光标所指的地方输入数字，只能选下拉菜单里的东西？"

她还说我们以前做的表格里就是可以输入数字也能选下拉菜单的。我立即打开一个表格。真的如她所说，我还发现当光标选在别的单元格时那个下拉箭头是隐藏的。而我们上午用的那个命令是无法做到这样的。

此时，我脑海还是有一个坚定的声音在说：我一定可以找到这是哪个命令，也一定可以帮到她。

我自己试了几个其他的命令，还是无法做到相同的效果。

于是，我决定上网查一下，找个 Excel 教程学习一下，也应该可以找到原因吧。

当我在百度搜索框输入"Excel"时，后面自动出现了："Excel 下拉菜单怎么做？"我立马点进去看了，然后我按网页上教的方法做一遍，发现竟然和我们以前做的表格一样。

太完美了，我马上把每一步都截图发给同事教她做。她自己试做成功后，给我发来红包，我的心情美极了！

就这儿一会儿工夫，宇宙哥哥就帮我实现了这个成人成己的订单。心里那个坚定的声音就是在告诉宇宙哥哥我的订单，所以在我搜索时他就刚好把答案送给我了。

以前我也在网页上搜过 Excel 的其他功能，没有一次是出现这次的选项。我想要什么，宇宙哥哥就送来什么了，真是太棒了。

幸福，总是如期而至

分享者：宁静致远
微信：lee77211314

2015 年 9 月，我遇到了现在的爱人。

两年前，由于前女友的任性和家庭反对，加上那时候自己年轻气盛，我们不欢而散了。此后，我单身了差不多两年时间。

能遇见现在的爱人，其实就是在之前看完朗达·拜恩的《魔力》之后跟宇宙许下的心愿：希望能遇到一个让我安心、对家庭有责任感、孝顺长辈、互相之间欣赏对方优点的人。

寻寻觅觅两年过去了，在夏天的尾巴收回之前，我还真的碰到了命中注定的她。

认识过程很简单，是家人介绍的，在这之前家里已经给我介绍了不下 20 个相亲对象了。

见面那天，我要准备出差，她也要上班去，约好在星巴克见面，一杯咖啡，聊了一个小时。

离别的时候，我送她上地铁忽然有种依依不舍的感觉。内心有一个强烈的声音告诉我：梦想中的另一半，已经来到我的身边了。

如今，我们已经携手踏进了幸福美满的人生旅程！感恩宇宙的恩典，感恩我的爱人！

除了吸引完美爱人，我还吸引到了理想的短租房。

由于我的工作原因，我需要长期出差在上海附近的城市。

最近一直在浙江舟山群岛的一个小岛——岱山，这里风景不错，空气很清新。

租房是过来出差的头等大事，之前一直住的房子由于房东转卖了，所以无法继续租住下去，房子将在 4 月底到期，而我也将在 5 月办婚礼，6 月结束手头工作回上海。所以，一直心心念念希望能找到一个短租的房子，但是确实很困难。

有天下午，闲暇之时，我拿起手机在地方论坛上找了找租房信息。

第一个电话打通后，被挂掉了。

第二个电话也通了，对方是位年轻女士，聊了一会得知我们居然都是上海人，她的房子是纯粹度假才买的，一直闲置本打算出售，我说可能要短租。

通常情况，一般人都不会愿意租给 3 个月的房客的，而这位女士居然很爽快地答应了，帮我解决了难题，真的是太感恩了。

又一个订单得到了宇宙的回应，感恩这位女士的理解，感恩宇宙对我的回应。

Grace 点评：读完这么多朋友的故事，能深深感受到每个人心想事成之后，内心的那份喜悦和欢乐。

1. 明白内心真正想要的东西：小雨帮妈妈装修卫生间，调养身体和实现旅游梦想的过程中，她很清楚目标是什么，果断列出计划清单，一步步促成事情达成，从而实现心想事成。

2. 吸引力法则的本质就是同频共振：伟坚的故事充分证明了同频共振，同质相吸。他通过一系列的人物线索，逐渐找寻到自己真正想要的生活，包括人生志业，让人特别惊喜。

3. 心想事成是我们与生俱来的能力：无论吸引衣服还是完美爱人，佳佳的生活都是充满感恩和喜悦的。正是由于这种跟宇宙同频的状态，才让她心想事成的本领愈发强大。

4. 宇宙的爱超乎我们的想象：李婷的故事非常独特，当她内心升腾想要那块喜欢的手表却又无法实现的愿望时，宇宙给了她一份新的灵感——读书！结果当她读完足够的书，能量快速提升后，宇宙用另外一种方式让她心想事成。有时，宇宙的爱远远超乎我们的想象。

5. 全然信任宇宙：伊玲抱着成人成己的心态帮助同事解决 Excel 表格的难题时，尽管遇到困难，但她没有畏惧，依然相信宇宙的力量，结果就搜索到平常从未出现的理想答案。在整个过程中，全然相信宇宙，这是她心想事成很重要的原因。

6. 只要你敢要，宇宙就敢给：宁静致远在寻找完美爱人和出租房时，都勇敢跟宇宙表达了内心的真实想法。结果，在适当的时机，宇宙都给了他最好的安排。尤其是寻找短租房的过程中，尽管难度非常大，但他循着灵感，最终找到完美的解决方案，不得不惊叹宇宙的力量。

那些心想事成的小确幸

分享者：陆相荣

微信：**jxin12309**

【导读】宇宙真是太神奇了，我们的心就是发射站，每一个起心动念，宇宙都全然知晓。所以，大胆地下订单吧，宇宙会在恰当的时候给予你惊喜。

吸引 iPhone 6S 手机

我的手机已经用了很多年，现在一打开大的文件常常死机。触屏也不是很灵敏了，出现过几次来电无法接听或者接通无法听到对方声音的情况。

在 2016 年 1 月写下的新年愿望里，我写道：在 4 月 17 日前买一部 6S。

接着，脑海里就开始描绘使用新手机时的美好画面：

自己用新手机与 iPad 共享文件、音乐，可以与朋友分享更多内容，外出时可以拍摄看到的美景，用它可以下载很多自己喜欢的电子书，在外出时可以一边开车一边收听老师的课程和九数的解读录音。

还可以把常用的文件通通装进去，再也不用外出背着沉沉的电脑了。并观想在 4 月底的同学聚会上，我用 6S 拍下大家相聚的难忘瞬间，并发到群里与大家分享。

我用新手机为预约者做九数解读，声音清晰，通话品质好，大家交流沟通得很愉悦。

新年愿望写完了，我就收了起来，回到现实柴米油盐的日子里。

因为种种因素的影响，今年的薪水不增反降，可每个月的各种开支并没有减少，还有每个月近7000元的房屋支出，让我渐渐放下了买新手机的念头。

6月要交的房租不是小数，还有车险、房贷，还有朋友的借款。看看这些必须开支，即便是手里有盈余，我也没有再与家人提起更换手机的事。

有时也会想起自己要在4月17日前更换手机的心愿，心里还是会有甜蜜，有目标，有喜悦。即便是当时到了4月10日，距离我自己写下的实现目标的日期很近了，当时手里的金钱首先要还房贷，不可能去买手机。

但是想起自己的愿望，即便是知道当时的境况基本在17日前买手机属于无望的时候，我心里并没有失望的感觉。每次想起时，心里还是会有一份温暖，知道自己还有一个目标等着我实现，就那样静静地看着它，体会那份美好，然后再带着爱把它收进心里。

4月14日中午，我发现弟弟一早就给我留言，说他的资金到位了，要把这几个月我一直替他还的房贷转账给我。

哇，太好了，这几个月的房贷确实带给我一些压力。下午下班就收到了弟弟转过来的款项，除了我替他还的房贷，还多给了我几千元钱。除去当月还房贷、还朋友等各种开销后还有余额，甚至购买一部6S手机后还有剩余。

难道老天用这样神奇的方式让我实现自己的愿望吗？我简直不敢相信！简直太神奇了，在我以为愿望延期的时候，来了一个彻底的大反转，而且时间还是刚刚好。第二天4月15日下午，我就拿到了自己的6S手机，比我的新年愿望订单的日期4月17日还提前了两天。

从无到有，这个变化太快了，快到我有点不敢相信。

宇宙真是太神奇了，我们的心就是发射站，每一个起心动念，宇宙都全然知晓。

所以，大胆地下订单吧，宇宙会在恰当的时候给予你惊喜。

吸引最后一张火车票

有一次，我送儿子去昌平参加活动，因为还要参加家长会，无法确定准确的回程时间。所以，我没有提前买好回程的火车票。只想着回程的车很多，光高铁晚上就七八趟，肯定会有票的，而且路程又比较短，实在不行，站一个多小时就到了。

可是，当时我忽略了那是暑假又恰逢周五，出京的人流量非常大。

当我在晚上 7 点赶到北京南，看到无论是人工售票口还是自动售票机前都排着长长的队伍，我心里也忍不住着急。可我马上提醒自己，着急并不能解决问题，下订单！

我一边排队，一边让自己平静下来，心中想，我肯定可以买到今夜零点前回家的车票。

轮到我时，自动售票机显示当天已经没有票了，无论是高铁还是普通车，一张票也没有了。我不死心，马上加入人工售票的排队中。

这时，车站的广播开始播放通知：去往天津、塘沽、秦皇岛、德州、济南、衡水、沧州方向均已无票，请大家不要再排队了。

我的目的地就是无票的地点中的一个。听到广播后，心里有一个声音：一定会有票，一定要再试一试，我一定会买到一张今夜回家的车票。

我一边排队，一边在脑海中想自己坐在列车座位上的情景和到达时丈夫已经在出站口接我的情形，丈夫接上我开车回家，我一路很兴奋地对他说我有多幸运，买到了回家的车票。

这样想着，我的心中充满了喜悦和温暖，嘴角也忍不住上扬，连整个人也放松柔软了下来。

看着排队的很多人都失望地离开，我祝福他们的同时，我的内心是松软的，对自己可以买到车票有一种笃定的信任。轮到我了。

我微笑着对售票的叔叔说："您好，一张到××站的票。"

叔叔说："没票了，刚才就广播过了。"

我没有马上走开，叔叔也一边回答我，一边很专业地重新输入检索。

"唉，还有一张，北京站22：40分的。"售票叔叔的声音也有一点兴奋，还贴心地嘱咐我是北京站发车，让我坐地铁从北京南站赶去北京站。

看看时间，赶过去时间很充足。拿到票，我兴奋地向售票叔叔道谢，在周围人羡慕的目光中离开。真正体会到了什么是一票难求啊。

亲爱的宇宙啊，谢谢您。您一定是听到了我迫切回家的心声，感受到了我相信自己一定可以买到回家车票的那份笃定，所以，在那一时、那一刻，留了一张车票给我，给予了我这份特别的关爱。谢谢您，我爱您！

宇宙真的很神奇，只要你敢要，只要你全然地相信，它就会调集起你所不知道的各种资源来成全你。

所以，亲爱的朋友们，带着全然的信任大胆地下订单吧！

赶上最后一班车

5月15日，我外出参加课程，原定17：30下课，这样我赶19：00的最后一班回家的长途车时间还是比较宽裕的。

现场提问环节大家很踊跃，老师回答也很精彩。最后的静心练习时间延后了。老师有善意提醒，需要赶车的同学可以在静心练习前悄悄离开。

时间已经是17：45，周末又是堵车高峰段，早上在不是堵车时段打车还用了28分钟，按说该走了。看着有同学离开，我的内心却比较平静，我想把课程听完。

心中下了一个订单，我一定可以赶上回家的班车。想了想又下了一个比较明确的订单：

我一定可以提前10分钟到达车站，赶上19：00的回家末班车。我上车后还有 5 分钟就发车了，既可以赶上车还不用等太久。下了订单，我就在脑海中快速观想了一下，自己坐在第二排，旁边的乘客还对我说："你来得可正好。"我坐下来看到车上的电子表显示：18：55，还有 5 分钟就发车了。

观想的过程中，我的内心充满了确信，相信我一定可以赶上末班车回家，内心非常的平静。看着有同学提前离开，内心也没有犹豫动摇。快速观想完毕，我就全心跟随老师的带领进入静心练习，没有再为此纠结。

课程结束已经是 18：15，我马上拿起包离开，电梯正好停在这一层，为我下楼节约了时间。出了电梯，我快步去公路上打车，还不等到路边就远远看到一辆出租车正好驶来，招手、上车，对师傅报了目的地。我对师傅说，我要赶 19 点的车，请师傅帮忙快一点。师傅说，这个点不好说能不能赶上，正是堵车高峰期。

师傅的话并没有引起我的焦虑，我只对师傅说："谢谢您，凭您的经验哪条路快我们就走哪里吧。"我心中还是确信自己一定可以赶上末班车。

我在脑海中观想着自己乘坐的这辆出租车一路畅行到达长途站，我飞奔去买票、检票、上车落座的情形。

在观想的过程中我内心是平静的，充满全然的信任。即便是在高架的几个出口处，有时被堵一会儿，我的内心也没有焦虑慌张，而是感恩，感恩今天的道路比较畅通，感恩司机师傅安全驾驶，感恩同行的车辆都礼貌驾驶，不抢行、不插队，即便是出口拥堵，大家也都是有序前进。

过了高架最后一个路口，师傅说："你能赶上车了，你还真孬，这么忙的点，没堵车。"拐弯、停车、师傅把车停在最利于我进站的地方，说："还有七八分钟，来得及。"我多付了 10 元车费，与师傅做丰盛交换，感谢他安全及时送我抵达。

下车，横穿马路，正好是行人绿灯。

跑到售票处报了目的地，"没票了。"售票姐姐说。"不是 7 点发车吗？""你赶快去检票口看看，看还能让你上吗？"

我一边说着"谢谢"，一边冲到检票口，末班车还在。看到我飞跑，车上下来两位大哥，我报了目的地，他们说还有两个位子，我说可是怎么说没票了呢？

大哥说："那就是停止售票了。"

另一位大哥说："让她买明天的吧？"

"明天的？"我有点迷惑。

"车上有位，买明天的票今天可以拉着你，今天售票截止了。"其中一位大哥马上去找检票员沟通，检票的姐姐也同意了。

我马上冲到售票处买了票，上车，第一排还有一个空位，我坐下来，抬头看到随车的时钟显示 18：56。啊，我太幸运了！刚刚坐好，司机大哥就发动了车。

一张小小的车票承载了多少人的爱啊。

我的心中充满了感恩，上天如此厚待我，让这么多人来帮助我。

出租车师傅、售票姐姐、两位司机大哥、检票的姐姐等，这些环节缺失一个善意提醒帮助，我都不可能坐上回家的末班车。

一切都是刚刚好，到达时间、上车时间、座位的位置都与我的订单高度吻合，让我怎能不称奇？怎能不感恩？亲爱的宇宙啊，您的神奇我无法用语言表述，唯有感恩。

Grace 点评：相荣所经历的故事跌宕起伏，每一次看似毫无希望的情况下，却都能心想事成，让人惊喜连连。

1. 勇敢跟宇宙下订单：当心中愿望升腾的时候，她都跟宇宙认真地下订单，表达心中真实的想法。而不去管外在的条件如何。比如想要 6S 手机时，不是听从头脑的声音：还贷压力那么大，你怎么可能有钱去买手机？没有因为经济不允许就放弃内心想要的东西。

2. 全然放松地观想：每当外在客观条件表明梦想实现有难度时，她始终保持积极放松的心情去面对，并且对一切都心存感恩。当所有人都告诉她当天的车票已经没有希望，她还是乐观地坚信愿望可以实现。正是这种正面积极的心态，才让宇宙调集所有相关的人和事件，让心想事成变成了现实。

一直在追寻，梦想在路上

分享者：余洋

微信：yyyfx – hust

【导读】原来，一件简单的事情，如果我们能够认真持久地执行它，也能够
收到很好的效果，甚至是意想不到的结果。

良机悄然而至

有些事情在机缘没有成熟的时候，可能你会很难接受，不会将它当成一回事。一旦机缘成熟，它对于你来说或许就是一次改变的契机了，抑或是转折点、突破口。

我的改变，也是如此。

一直以来，我总感觉生活缺少了些什么，却始终不知道到底是哪里不对劲？

幸运的是，2011 年年底，有位老师关于教育的思考深深触动了我的内心。之前对于这样的信息是没有太大的感觉的，但这次我感觉仿佛一下打开了我的心门。

于是，我开始关注教育、身心灵成长等领域。

遇见灯塔——财富原动力

其间，为了更加了解自己，偶然间发现了财富原动力测试。

通过财富原动力测试，我了解到自己的天赋才华，什么是财富，财富方程式，找到自己的财富之流。

同时，也深深明白：

每个人都是与众不同的，从财富原动力模型图中，我找到了属于自己的模型，让我对自己有了更进一步的认识。

但我觉得这些信息还不够，有没有一种方法可以更加全面的认识自己？

不仅可以帮到自己，还可以帮助父母了解自己，找到他们喜欢的事情。这样一来，他们的晚年生活不就能更加的充实、更加的有声有色！

又见灯塔，遇见幸福

"财富原动力"建了一个 QQ 群，凤霞姐和秋恺老师也在这个群里面。

凤霞姐经常转载秋恺老师的文章，基本上我都有看，当时只是觉得这位老师说的话都很有道理。

后来，当看到老师发布的关于九数生命能量学的信息后，我立马就被吸引了。我决定先学习秋恺老师的 A. S. K. A. 函授课程。

刚刚学完第一周，我就觉得收获颇丰，因为第一周的练习让我更加清楚自己想要的东西，敢于跟宇宙下订单。

后来秋恺老师的"一对一咨询"让我受益匪浅，九数生命能量学师资班开学时，我果断报名学习了。

改变，从简单的事情开始

想要帮助亲人，先得调整好自己。

通过学习，我对自己有了更为全面的认识。但是，信息表上面的信息这么多，从什么地方开始调整呢？对于与人互动较弱的我而言，尝试主动的和人打交道是一个很好的方向。

那么，具体如何做呢？改变，从简单的事情开始！

还记得，最初加入幸福人生大家庭群的时候，我不太敢讲话，基本上只有在欢迎新人的时候才说话。后来有一天，看到秋恺老师说："丰盛交换其实很简单，哪怕只是点个赞也是可以的。"对啊，虽然目前对于分享还是有些心理障碍，但我可以先从点赞开始啊！

说干就干，我要求自己尽可能认真地阅读大家的分享，并且发自内心地表示赞赏。

就这样，我在这条路上一去不复返了。让我意想不到的是，有一天老师还专门留言感谢我，真是太荣幸了。原来，一件简单的事情，如果我们能够认真持久地执行它，也能够收到很好的效果，甚至是意想不到的结果。

在这个过程中，我的能量也得到很大的提升，并且渐渐地开始学会分享，和人互动的能力也得到了极大的提升。

虽然以前并不知道吸引力法则，对自己的了解也没有那么深，但我却已经达成了许多目标。究其原因，我发现自己做事情的模式基本上都是遵循着"确定自己要什么""积极行动""达成"这样的步骤。重要的是我一直都有在追寻，都在行动，而不是一直陷入到负面的情绪当中。

行动是启动吸引力法则的一把关键钥匙。当然在追寻目标的过程中，我也常常会有很多情绪，有时甚至会深陷其中。即便如此，因为目标还算坚定，并且一直在行动，最终也通常会有不错的结果，不过这个结果很有可能会以另外的形式呈现。

如果以前我就学会处理情绪的话，我现在的状态肯定会更好，实现目标的过程也会更为顺利。不过，还好现在通过吸引力法则课程学习了释放情绪的方法和技巧，我相信只要开始就不晚。另外，有一些特质对于我的帮助也是很大的，比如：起心动念很良善，注意礼貌，感恩，时不时也会站在对方的角度看问题。

梦想，依然在继续。每个阶段，人生的目标都会不断调整。一路追寻，我依然还在路上。和以前不一样的是，现在有了许多同频的伙伴，幸福也离我越来越近。

Grace 点评：余洋为大家分享了自己成长的心路历程，让人为他那些微小但很确定的小幸福感动不已。同时，给我们很多思考：

1. 行动是开启吸引力法则的钥匙：在不明白吸引力法则运行规律之前，余洋追逐目标的过程就已经遵循"确定目标—积极行动—相信目标—达成结果"这个跟宇宙下订单的程序，尽管过程中也会有负面情绪，但是他内心坚定地相信梦想可以达成，所以心想事成的能力特别强大。如今，他学习了 A.S.K.A 函授课程，懂得了如何释放无用能量，赶走内心的小声音，他心想事成的人生道路会更加精彩。

2. 坚持是成功的关键：即使是一个很微小的举动，也足以改变人生。听从了秋恺老师的建议：哪怕给别人的分享点赞也是丰盛交换。于是，余洋在朋友圈尽可能花时间认真阅读大家的文章和信息，真诚为对方的点赞。就这样一个小小的坚持，给朋友们留下了深刻的印象，也让他找到人际交流的突破口。所以，我们不要拒绝小的改变，也许这就是创造崭新人生的契机。

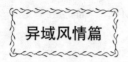

梦圆"枫叶国"

分享者：Grace

微信：sh2745785547

【导读】心想事成就这么简单：要求，相信和接收，终极目标是美好感受！
　　　　下完订单，内心无比坚定，并且放手全然相信宇宙，做积极的努力，
　　　　一切都会朝你梦想的方向发展！

　　自从 2014 年秋天，我跟随著名的吸引力法则导师秋恺老师系统学习了吸引法则的理论和实践技巧，并成为他的"A. S. K. A. 幸福人生实践宝典"课程的函授学员。

　　我在 2014—2015 年的国内的创业日记中，也多次提到《秘密》和吸引力法则对生活的积极影响。

　　在我的的影响下，不下 100 个朋友跑去读《秘密》，大多数人的生活都发生了翻天覆地的变化，心态更积极向上，工作更加热心投入，家庭生活更加美满和谐，亲子关系也越发温馨……

　　每当看到这些美好的反馈，我总会不经意嘴角上扬，有些朋友向我表达衷心的感谢，认为我是他们的贵人。其实，如果说他们是一簇簇待放的花苞，而我只

不过是偶然走过的路人，不经意洒播了一点露珠而已。

是花朵，终究会绽放的！因为，如果没有内在改变的决心和行动力，无论外界如何推动，你是不可能走出旧有的思维桎梏的。

如果我们每天都尝试运用吸引力法则，生活中处处都有练习的机会，就看你是否愿意一直聚焦美好的感觉和期待。

自从2014年加了自明星概念创始人秦刚老师的微信之后，三天两头看到老师发当地风景照：蓝天碧海，鸟儿静静停在甲板上，伸手就能够着螃蟹，洒满阳光的后花园中孩子嬉戏玩耍，随处可见的社区图书馆，完善的医疗和教育体系，安静祥和的生活……

一幅幅人与自然和谐共处的画面，无不时刻吸引着读者的心，让人无限向往。这就是传说中加拿大最美的地方——维多利亚，据说当年秦老师移民之前也是受到一位维多利亚网友的图片吸引过去的，很有趣。

每次看到这些图片，我都不禁畅想：要是我和家人也能去这样的地方生活该多好呀！

一想到出国，无非技术移民或者投资移民，相对比较热门的国家当属澳洲和北美，而技术移民若没有一定的机会，难度还是挺大的，而投资移民没有八百万元到上千万元，基本不现实。

此外，投资移民，一方面需要投资一大笔钱，另外贸然出去没有当地的工作，没有生活保障，所以也不敢想。

虽然现实很不乐观，但我是吸引力法则实践者，并且天生盲目乐观。

2014年秋天学习刚开始学习吸引力法则的时候，我斗胆跟宇宙下了一个订单：

> 让我三到五年有机会移民到跟维多利亚一样漂亮的地方，有大海，空气清新，随处可见图书馆，孩子可以自由的成长，没有奥数、艺术班的压力，家长没有学区房的纠结，不管澳洲还是北美都是极好的。
>
> 恳请宇宙以最适合的方式帮我实现订单。

下完订单，我心中不时畅想下未来一家人在陌生国度幸福美好的生活，另外在心底默默为这个目标而奋斗，调整最佳状态，认真工作，经营好公司。

这个订单的实现，是目前为止，我感觉最神奇的，超乎我的想象！

3月初的一天，先生下班突然告诉我们，公司总部的老大开会说有意向将他们部门移到加拿大，长期去那边工作，要他们回家跟家人商量下（可以带家属）是否愿意去。同时，总部跟加拿大分公司提交申请，让他们等具体通知。

我听完非常震惊，因为之前我根本不知道他们加拿大有分公司，而公司的总部是在法国，他们之前出差也一直是去欧洲的。

我不禁奢想：哈哈，莫非我的订单奏效了？不过这时候只是总部的一个计划而已，具体能否实施还有待进一步规划。

在这期间，大概三月底的时候，我说服公公婆婆回老家办理了护照，虽然他们一直说这个事情还没落实，不用着急。

我说："你们先做好准备，这样成功的概率会更高，就当这事已经确定了。"

他们将信将疑的，不过还是听从我的建议，两人花了五百元，很快收到护照。

大概收到护照后十天，先生公司就给他们正式通知，去加拿大已经确定下来了。

真是超级开心的消息，这一刻，我知道自己的订单基本实现了，宇宙用更快捷、更好的办法帮我心想事成了！

首先，工作派遣不需要大笔的投资，过去立马可以上班，不影响我们生活质量。

其次，可以带家属，这样全家可以一起生活。

再次，我下单是三到五年，宇宙用了不到半年的时间帮我实现了。

最后，我希望去澳洲或者北美，结果是去加拿大，超级惊喜。

这个订单也许有人说是巧合，不过我宁愿生活中有更多这样的巧合，按理说先生被派去欧洲工作的概率更高，但我当初压根就没想过去欧洲，反而脑海不断浮现秦老师生活的维多利亚。

宇宙就是这么神奇，只要你敢想，宇宙会回应你一切想要的事物，因为思想是一种强大的力量，它可以帮助你把脑海中的画面变成生命的真实体验。

心想事成就这么简单：要求、相信和接收，终极目标是美好感受。

下完订单，内心无比坚定，并且放手全然相信宇宙，做积极的努力，一切都会朝你梦想的方向发展。

Grace 点评：*宇宙对我们的爱远远超乎我们的想象，它总会用你意想不到的更快更好的方法帮助你达成心愿，前提是你要百分之百地敞开自己，全然信任宇宙，将自己的内在调整到接收的频率，迎接宇宙所有的礼物。*

你怎样，世界便怎样

分享者：Grace

微信：sh2745785547

【导读】那一刻，我内心莫名回荡着一句话：你怎样，世界便怎样！你若美好，世界自然美好。

此刻，蒙特利尔时间是 2016 年 1 月 3 日上午的 10 点零 8 分，国内是夜里 11 点零 8 分，已经到了入睡的时间了。

坐在 12 层酒店公寓的窗前敲打这些文字，室内暖气温度大概 23℃，挺舒适的。

窗外飘了一夜的雪慢慢停下来了，房顶上多日堆积的白雪静静地矗立着，有几个房顶上冒着淡淡的烟雾。依稀可以看到不远处的皇家山灰色的山顶，大街上偶尔有汽车飞驰而过，下雪的缘故吧，行人依然不多。

这些天，气温大概 –10℃ 的样子，戴着围巾手套，穿着厚外套，带着小朋友出门办事和溜达，感觉还是挺好的，没有想象的那么冷。

圣诞节开始，我们就已经陆续打包完毕，所有的书籍、玩具、零碎物品都分别送给了适合的亲戚朋友，家具电器全部留给下家。

12 月 26 日，是我们住在上海已经卖出的房子里的最后一晚，跟房东约好了

27 日上午交接。

白天和家人吃了两顿送别大餐之后，到家已经很困了，家里的杂物基本都清空了，已经十分干净清爽。但直觉告诉自己，还需要再清扫一遍，这样感觉会更好。

于是，我拿起抹布，开始清扫所有的角落，包括橱柜、卫生间、床底等地方，这一圈下来确实要花不少时间。

先生很不解，说："我们都要搬走了，还这么卖力打扫干吗啊？"

我笑着说："亲，房子跟人一样，是有能量和灵魂的，我们在这里度过了两年很美好的时光，要感谢这个房子带给我们的一切。如果我们走之前，把它打扫得窗明几净，后面入住的人会内心充满感恩，那对我们来说，将会是一种最美的祝福！"

我一边干活，一边跟他讲了之前朋友圈曾经热传的一个故事：一位华人房东实名举报了一对博士夫妻在美国租房的奇葩经历，这对夫妻把她家的房子弄得跟垃圾场一样，让她忍无可忍。

让人不禁唏嘘：道德和人品不行，无论你学历多高，职位多牛，一切都可以归零。

记得余秋雨曾写过一篇文章，论述了他在德国租房子的经历：本来房东老头很喜欢他，租约到期希望继续续租给他。但是有一次他打碎了一个玻璃瓶，却没有特别处理，就直接丢进垃圾桶了，让老人觉得他心中无他人（可能会伤害到整理垃圾的人），果断拒绝继续合作。

先生听完，不知道是觉得我对这件小事上纲上线了，还是认同我的观点，默默跟我一起打扫了，很快，房子就变得焕然一新。

不出我所料，12 月 27 日上午，房东来交接房子的时候非常惊喜，她说：很感谢我们把房子保养得如此好（房子我们已经卖出好几个月了，产证变更后租住了两个多月），尤其是地板，非常亮，几乎跟新的一样，她还特意跟我打听平常怎么打扫的，当时我挺有成就感的。

后来，我们租去机场的车到楼下了，她主动帮我们递送行李，并祝福我们一路平安，在异国他乡一切顺利。

不知道是因为出发前做了一件利人利己的事情，还是内心充满了亲人和朋友的祝福，整个行程我的内心一直溢满了喜悦和宁静，即使在高空遇到气流持续剧烈颠簸近5分钟的时候，我依然坚定地相信一切都会很平安顺利。

那一刻，我内心莫名回荡一句话：你怎样，世界便怎样！你若美好，世界自然美好。

自从12月27日下午从浦东机场坐上加拿大航空公司的航班开始，我就开始感受这个大洋彼岸的国度的一切。

上海没有直飞蒙特利尔的航班，行程是经由温哥华转机，我们乘坐的是一架容纳近400人的航班，飞机上外国人特别多。遇到一对在无锡做外教工作的夫妻，从办理登机牌到上飞机，我们一直偶遇，可能做老师的缘故，他们对孩子特别感兴趣，一直主动跟托马斯打招呼交流，托马斯把自己幼儿园学到的几句简单英文都用上了，很有趣。

从上海飞温哥华大约9小时45分钟，飞机上配有电视，可以看各种节目，也有飞行实时监控图，可以随时看到自己所在的位置、飞行的距离、高度以及预期到达时间，这点让人很安心。

中途空姐分发了两次热餐，还有无数次的饮料供应，话说这趟航班空姐年龄普遍偏大，平均都在40岁以上，好像着装不是很统一，不过都非常有耐心并且很贴心。

登机前托马斯一直期待着看飞机起飞，结果早上起床太早，在机场又玩得太累了，上飞机就开始呼呼大睡，3个小时后他迷迷糊糊地醒来，飞机已经在万米高空进入巡航阶段，周围一切都静悄悄的。

他问："妈妈，飞机怎么还没起飞？"

我说："宝贝，飞机早已起飞了，你刚睡着就起飞了呀！"

他说："没有，根本没有起飞，我感觉不到一点飞行的声音。"

　　于是，他晚餐也不愿意吃，饮料也不喝，一直跟我们纠结说飞机没有起飞……哎，很执着的小水瓶座！后来，给他要了一杯苹果汁，慢慢转移了他的注意力，他开始吃了点东西，然后继续睡觉。

　　快到温哥华的时候，天空已经亮了，我叫醒了托马斯，飞过一片蓝天白云，他兴奋地手舞足蹈，站在座椅上跟后排一位从苏州去温哥华的小哥哥搭讪。

　　从温哥华下飞机，当地时间大概 12 点半，外面下着大雨，没有看到雪，机场里面人挺多的，可能这边华人多，指示牌几乎都有中文的。

　　人群中有各色人种，大家都悠然自得地跟着队伍走，孩子特别多，托马斯看见小朋友就觉得很亲切，总想跟人打招呼，家长们也都非常友善，每个人都笑容满面，让刚踏入异国的我们产生一种莫名的亲切感。

　　跟着人流到加拿大海关窗口给入关文件盖章，由于第一次来加拿大，我们还需要排队到机场移民局接受询问，并获取工作许可。

　　移民局开放了六七个窗口，有几个窗口没有人工作。工作人员着装都特别干练，尤其男士头发都特别短，每个人脸上的笑容都很亲切。

　　排队人特别多，有一个负责维持秩序的帅哥引导人流走向。托马斯等得很不耐烦，幸好带了 iPad，让他在椅子上玩了一会儿游戏。

　　中途有一个领导模样的人到队伍前，很和蔼地问大家，有谁是新移民第一天登陆加拿大的，可以跟他去特别窗口处理。后来有几个人跟着过去了，队伍越来越长，我们也越来越靠近窗口。

　　又过了一会儿，那位领导又面带微笑地走过来问大家，有谁需要在温哥华转机，并且机票时间很近了，可以跟他来到队伍最前面提早办理，又有一批人跟着过去了。

　　此时大概 1 点半的样子，我们转机中途有近 5 个小时时间，下午 4 点 15 分登机，时间非常充裕，就耐心等待着，终于等到我们了，移民官简单问了一下来加拿大的缘由，去哪里工作，是否一家三口，孩子是否需要入学，等等，然后让我们在一旁等待，大概 5 分钟后，就给我们发了两份官方盖章的 Work Permit（工作许可）。

上面工作人员这两个细微举动，让我觉得特别人性化，虽然我没有直接获得任何好处，但我依然很开心，让人感受到一种温暖和关爱。

同时，我观察每位工作人员的状态都很投入，跟大家交流互动很暖心，不是那种官方程式化冷冰冰的机器人状态。

接着，我们就去取行李，由于距离飞机到达已经 1 个多小时了，我们的行李已经被取出堆放到传送带的边上。

托运完行李之后，我们就去候机厅里找位置吃午餐，各种汉堡、三明治应有尽有。吃好午餐，托马斯依然很兴奋，到处溜达，发现各种新奇的景象。

蹭了机场的免费网络，给亲朋好友报了平安，很意外的是开通了国际漫游的中国联通竟然没任何信号，后来电话沟通说后台系统没有正常开通漫游，问题总算解决了。

下午 5 点多，登上了温哥华飞往蒙特利尔的飞机，这条航线几乎由西海岸至东海岸横穿整个加拿大，两地的时差是 3 小时，飞行时间 3 个多小时。

我们很快到达了蒙特利尔上空，看到整个城市灯光闪烁，当地时间已经快凌晨 12 点了，一出机场，看到皑皑白雪，托马斯尖叫起来了："我终于看到雪了！"

由于深夜了，机场打车的人很少，负责打车安排的地勤人员看到托马斯，朝他做了个鬼脸，示意他要戴上帽子，否则耳朵会很冷的，看我们有四个行李箱，帮我们安排了一辆越野型的车子。

给司机看了地址，就开始出发了。路面上积雪很多，据说圣诞节过后下了一场大雪，还没融化，司机开得很平稳，大概 20 分钟就到达我们入住的酒店公寓，花了 40 加元（约合人民币 200 元）。

先生公司免费提供了一个月的住处，下个月要自己租房子。来到房间，是一个一室一厅的套房，有卧室、客厅、工作区，厨房也有的，各种厨具都有，房间里面很温暖的。

打开冰箱，发现里面有绿叶菜、西红柿、鸡蛋、面包、牛奶、意大利面等，厨房的料理台上摆放了橄榄油、番茄酱、饼干、甜圈圈等。

还看到一封先生公司同事的欢迎信，希望我们喜欢他们准备的食物，我看到这些，在这寒冷的深夜里，心中无比温暖。

托马斯一会儿跑到卧室，一会儿跑到厨房，四处观看。然后跟我说："妈妈，这个宾馆真好啊！"

我笑着问："为什么啊？"

他说："因为这里还可以做饭啊！"

迅速洗刷，然后我们沉沉地睡着了，一觉睡到上午9点。

梦里，我脑海中依然萦绕着一句话：你怎样，世界便怎样！

Grace 点评：万事万物都充满能量，眼中的世界其实是内心的投射。心中始终溢满爱与感恩，美好的一切自然会被吸引。你怎样，世界便怎样！

吸引花园公寓："枫叶国"租房记

分享者：**Grace**

微信：**sh2745785547**

【导读】 宇宙真的太神奇了，心想事成真的很简单，唯一需要做的就是跟随自己的心。假如我违心选择了市区那套公寓，将会错过多少美丽的风景和心动的瞬间。所以，境随心转吧，一切都是自己吸引的。

2 月初，蒙特利尔天气阴晴不定，时而阳光灿烂，时而雪花飞舞，温度变化幅度也挺大的，有时 –20℃左右，有时能达到零摄氏度左右。

在外面不能待太久，否则会有刺骨的寒风扑面而来。通常出门购物或者办完事情后，要匆忙赶回家，酒店房间里暖烘烘的，20℃左右，穿一件衣服就可以了。

酒店的客厅和卧室朝西面，晴天的时候，中午到太阳落山之际，满屋子的阳光晒得人很慵懒，尤其坐在客厅的大落地窗前，和托马斯一起画画、看书、认拼音，感觉很惬意。

由于酒店的房子月底到期了，所以最近一直忙着找房子。我们找房子大概分为两个阶段：

第一阶段是代理带着看房。

刚到这边的时候，先生公司服务合作代理 A 立即带着我们办理社保、医保和银行卡等，大概一天时间办完这些琐碎的事情。接下来的两天就开始带我们看房，前后看了6套房子。

A是一位年纪50岁出头的阿姨，做事情非常有条理，也很热心，是西班牙移民的后裔，会说英语、法语、西班牙语。据说曾经学过一段时间汉语，感觉难度系数太大，只好放弃了。不过，可能经常服务中国客户，多少知道一些中国的文化，一路上跟我们聊风水以及她所了解的点滴，挺有趣的。

根据我们的预算和计划，她提前第一天找了5套房子。蒙特利尔这边出租的房子跟国内配置完全不一样，基本90%都是不带家具的，里面全是空荡荡的房间，有的甚至连灶台都没有，别提冰箱、洗衣机和烘干机了。

可能每个国家的文化差别，市区这边看过的公寓好像没有中国人那么讲究房子的朝向的问题，房型大多不是我们喜欢的那种南北通透的。

一般的公寓大多是三层不带电梯的格局，房龄从二三十年到八九十年不等，一般外观都还不错。看过很多外表特别漂亮，看起来像城堡似的房子，进去之后房型和朝向一塌糊涂，尤其很多房子是长条糕的，厨房、客厅、卧室一路排过去，左侧或者右侧留着一个长长的走廊通道，搞不懂他们的设计思路，中国基本很少见到那种房型。

市区地段好靠近地铁的价位：一室一厅800~900加元（折合人民币3700~4200元）的样子，两室一厅1000~1300加元（折合人民币4600~6000元）。

由于蒙特利尔城市不大，公交系统很发达，基本上三四十分钟能横穿整个城市，所以无论地铁还是公交车都挺便利的，每站间隔都很短，公交车10站路几分钟就可以到达。

她带我们看的这几套房子情况大概如下：

第一套是一室一厅，在三楼，楼梯很陡峭的，房型就是长条糕造型，尤其刚刷过油漆，味道挺重的，于是直接放弃。

第二套是两室一厅，在二楼，对面有一个大的活动空地，到先生公司大概30分钟的公交车，附近步行十几分钟有幼儿园，厨房里有灶台，房型基本还算满意，很方正，虽然不通透，但不是那种长条糕的。

不足的地方是卧室和客厅都铺了很长绒毛的地毯，据房东说是花了钱新换的。我们考虑下来觉得打扫很困难，尤其家里有小孩，容易掉碎屑进去，滋生细菌。

另外离地铁有点偏远，生活设施也不是很完善，没车子买菜都挺困难，要坐公交车去大超市才能买到。

第三套是 1910 年的老公寓，这个房子是两室一厅的，房间倒也还干净清爽，但厨房没有灶台，楼梯是那种特别陡峭的，离公交车站还是挺远的。

房东是一位非常优雅的老太太，满头的银发，一双碧蓝的眼睛，特别漂亮，对小孩也格外温柔。

不过，房子离我们的想象差太远，只好放弃了。

第四套是装饰挺温馨的房子，小两房，在二楼，镂空的楼梯，房型还算可以。

我们到的时候，有人正在门前扫雪，是里面住的房客。他们正准备搬家，里面堆满了打包的东西，房子里面装修比前面的房子要更温馨，可能是住着一位美女的缘故。

打听下来，房间里所有的东西包括灶具都是这位房客的，也意味她搬走之后里面也一样空空如也，所以也放弃了。

第五套是大两房，有小孩的原因，我们很注意楼梯的结构，这套跟第二套房子的位置和楼梯一样，都是我们很喜欢的那种比较踏实的楼梯。

每个房间都非常大，卫生间有窗户的（这边很多房子的卫生间是没有窗户的），房型也是长条糕，不过通道还是挺宽的，感觉不那么压抑。

地理位置，跟第二套基本差不多，都是需要坐公交车才能去繁华的地方。

第一天看完这五套之后，一度想从第二套或者第五套中选择一套，但事后咨询了一些前些年从国内过来的朋友，他们建议：暂时没车的情况，最好能住在地铁站附近，这样大人孩子出行都比较方便。

第二天，A 听说我们的想法后，又带我们看了酒店附近市中心的一套一室的公寓，也就是第六套。

第六套是二楼电梯房，厨房配置齐全，但客厅和卧室都很小，客厅是转角的，房顶很低，感觉很压抑。价格跟上面看过的几套郊区的两房差不多。

最重要的是，市中心附近学校特别少，而郊区学校特别多，因为市中心大多是办公楼，真正居住的人不多，所以学校也少。

第二阶段是我们自己看房。

我们开始准备自己找房子，在加拿大一个房产网上自己搜索信息，然后联系房东约时间看房，前后也看了不少。自己没车子，只能搭地铁或坐公交车看，并且看房都需要提前预约，一周最多看三四套。

第一套是皇家山脚下的小酒店式公寓。蒙特利尔依山而建，皇家山是当地的地标。这个公寓在山脚下，距离地铁口步行十几分钟。

里面是酒店的配置，游泳池、健身房都有的，房间特别紧凑，厨房、客厅和房间都很迷你，不过里面环境真的很好，托马斯一直念念不忘一楼的健身器材。

要是住一到两个人还是不错的，有小孩在里面可能比较压抑，价格跟郊区两房差不多。

第二套是地铁站附近的两房。房子位于三楼，里面全新的装修，尤其厨房和卫生间特别新，每个房间都特别大，房型也很好的，一个是起居室，另外两个是卧室，但是三个房间大小几乎一样，做三个卧室也完全没问题。

唯一感觉就是房子刷的新油漆，味道挺重的，担心小孩住进去对身体不好。另外三个人住，感觉房子空荡荡的。

房东是一个很热心的老头，大概看出我们的心思，说他附近还有一套小一点的房子，离地铁站也很近，价位比这个低很多，若有兴趣，开车带我们去看看。

第三套是房型奇特的小两房。那天下着很大雨，有点困，但我们还是跟着这位老头房东去看了那套小房子，二楼，外观很漂亮。

进去之后傻眼了，这个房子可以说是我们看过的所有房子中房型最奇特的，那个长长的通道至少有三米，把小小的客厅和厨房隔得非常遥远。

看完不满意，我们俩商量说若要选这套，还不如前面那套。

第四套是温馨的小两房。房东看出我们不喜欢，说他手头还有另外一套房子，离市区有点远，不过交通还可以，租金也超级低，房子还不错，顺道带我们去看下。

既然已经来了，他有车子，我们就带着昏昏欲睡的托马斯继续看房去。

话说这套房子真的挺不错的，一进大门，就感觉特别温馨，是一幢小巧的酒店式公寓，房间在二楼，厨房很大，有一个客厅，还有两个小房间。

附近超市和学校都有的，靠近奥林匹克公园，租金是所有房子中最低的，就是离地铁站比较远，上班不太方便。

看完之后，还真的有点心动，不过我们还是心心念念着地铁房，准备继续看。

第五套是市中心的小公寓。这个房子是一室一厅的，是有物业管理的小高层公寓，位于市中心地铁口附近。

房间不算特别大，但比起自己看的第一套高层公寓要稍微大些，三个人住还是可以的，二楼，客厅窗户很大，视野也过得去，附近也有学校。

综合考虑下来，这个房子最大的优势就是地段特别好，出门就是艺术宫（Place des arts），街道上到处都是漂亮的涂鸦，交通特别便利。

不过价格也不便宜，比郊区有的两室还要贵。总之，无功无过吧，没特别心动也不排斥的感觉。

由于连续看了十多套房子，大概也差不多知道行情了，带着孩子周末在雪地里东奔西走也挺辛苦的，所以决定把这个房子定下来。

后来，发生了戏剧性的一幕，让我们放弃了这个房子。

跟物业接待 L 约好周六去面谈，电话告知我们需要先发一份申请，然后 2 ~ 3 天通知我们是否可以租下这个房子。

我们按时赶到那边，接待 L 是一个很胖但很热情的大妈，告诉我们要先付 200 美元订金，很让人莫名其妙，因为之前在电话中没有提到订金的问题，加上代理之前特别提醒过凡是需要提前掏钱的都要多考虑一下。另外网上也有很多租房攻略，都说任何要押金和佣金的现象都不能接受。

这边付房租跟国内不同，是一月付一次，并且规定不能收押金，比国内付三押一确实要人性化不少。记得以前在上海租房时，每次付租金都是上万元往外掏，很心疼啊。

我们表示不解，问为何需要交订金？她解释说这是公司规定，如果我们成功租下房子，这200美元可以作为第一个月房租来抵扣，相反，会直接退钱给我们。她说这么做是防止我们违约，她违约就退钱，我们违约就扣钱，挺霸道的条款。

看到我们很惊讶的反应之后，L胖胖的身体微微颤抖起来，看起来特别激动，用纸条写了一个他们公司的官方电话，用很不愉快的语气要我们电话去确认下再决定。

后来我们在一楼大堂给代理打电话咨询了下，A说一般情况下不需要交订金的，不过也有一些大的物业公司比较牛，需要这么操作，让我们自己看着办。

经历这一幕之后，我内心深处突然意识到：选择这个房子并不是内心真实的本意，只是觉得地段和交通还不错，其余的性价也很一般，没有特别心动。加上以后如果住在这里，经常要和L打交道，她刚才的表现让我很不舒服。

我当即顺应了自己内心，立刻把这种不好的感觉告诉了先生，他说如果我不喜欢，那就走吧，趁周末还有时间我们再继续找。

于是，我们决定放弃上面这套房子，反正离搬家还有两周，大不了继续住一段酒店。

第六套是山上的花园公寓。

中午回酒店继续找房源，联系到几家还不错的，其中有一套房源先生一边看一边说非常豪华，也是高层公寓，15楼，超大的客厅，两个卧室，主卧带卫生间，厨房配置齐全，地点是在皇家山上，对面正对着皇家山公园。

那天依然是雪花纷飞，听他说在山上，我感觉一阵阵寒冷，有点不想去。他说去吧，就凭这描述和无敌景色，还是看看吧，大不了当带小朋友爬山了。

约好时间，出门一路上公交车沿着山坡爬行，路途银装素裹，漂亮的小房子在白雪覆盖下妩媚动人，跟童话世界一般。

这个房子现在的租客是一个年轻的帅哥，他刚买了房子，要转合同给我们（transfer lease），还有 8 个月合同到期。

我们坐公交车过去之后，发现这个大厦是一座新的高层公寓，正对着皇家山公园，大堂布置也很漂亮。

上去之后，看到他正在打包，房子里面非常干净清爽，客厅确实非常大，并且有两面窗户，正面对着公园，白雪覆盖的景色美极了，侧面窗户对着山上的小洋房，也一样错落有致。

两个房间的窗户也对着公园，主卧确实带了卫生间，储藏室挺多的，厨房也很宽敞明亮，房间和客厅是地毯，托马斯直接倒地上打滚了。

说实话看了这么多天房子，这套房子是我们两人同时心动的，问托马斯喜欢不？他也表示很喜欢。

由于他急于转手搬家，所以对我们格外耐心，细心讲了每一个细节，坐什么车子到市区，到什么地方坐地铁等，留下彼此邮箱，说如果适合的话可以先网签，然后再约时间一起跟物业签合同。

到楼下的时候，我们俩有冲动想直接签约好了。不过第二天还约了两家，看网站描述都还不错，所以决定看完明天的再说吧。

晚上回家查了下转合同有无隐患问题，并且上这个物业的官网查了，这套房子的市场价租金 1300 多美元，而我们是转租（房客可能租住多年，涨幅不会有市场高），所以租金相对便宜很多，顿时感觉太值了。

虽然没有上午决定签约的房子地段好（离市区坐地铁或者公交车 10 多分钟），但性价比已经超高了，心中已经差不多决定就是它了。

第二天，阳光灿烂，我们继续看房路。

第七套是公司附近的小两房。我们觉得要么靠近地铁，要么靠近公司，这样上下班会舒服一点。所以这天看的房子都是离公司不远，可以步行过去的。

这套房子在一条商业街上，附近大小超市、餐厅都特别多。房子在三楼，楼梯照样很陡峭，上去之后发现里面倒还可以，房间不大，但都很明亮，最大的问题是没有灶台，还有没有洗衣机和烘干机的接口，并且租金是我们看过最贵的。

这边洗衣机和烘干机是家庭标配，因为大家从来都不晒衣服、被子，并且明文规定不许把衣服、被子随意地晒在阳台上，所有街道上看不到一件衣服。洗完衣服都是直接烘干，所以烘干机是必不可少的，否则冬天没法过。

所以，我们看完之后，直接告诉房东不适合。

第八套是地下小蜗居。这套房子里上面的房子步行十几分钟吧，也可以走路上班的。是一个很小的公寓楼，外观看我以为就十几户，后来进去后发现住了40多户，真正的蜗居啊。

不过这套房子租金相对比较便宜，水费电费宽带费全包的，但是没想到给我们看的是个半地下室，就是有半截窗户在地上，其余在地下，这是第一次看这种地下室（这边确实有不少房子有一半是在地下的，可能有暖气的缘故，冬天也不会觉得潮湿阴冷）。

进去之后里面倒也很暖和，是一个大房间，隔了一个小卧室和厨房，客厅特别小，厨房也很小，适合单身居住，感觉孩子在里面转身都要碰着脑袋。

后来，房东老头也看出我们的心思，也说不适合小孩住，确实太小了。

周日白天看完这两套之后，晚上直接联系上山那套房子的帅哥，跟他确认决定租下了，他也很开心，连夜把合同扫描过来了。

第二天我们回签了，并约好周六去跟物业签合同，让我们准备第一个月的租金支票，合同从2月1日开始。

订下这套房子之后，我们又仔细研究了下交通路线，上班乘1趟公交车，步行十几分钟，30多分钟的行程。幼儿园和地铁步行10多分钟的样子，地铁附近商场大超市都挺多的，生活还是挺便利的。

更让我欣喜的是附近有好几所大学，蒙特利尔大学步行几分钟就可以到。

另外，我超级喜欢那个大公园，天气好可以每天带小朋友去逛公园、跑步，呼吸最好的空气。

　　写到这里，我突然想到半个月前我曾经下过房子的订单，我逐一核对了，发现几乎所有的细节（除了不在市中心，但交通很便利）都满足了，实际房子也差不多跟图片上一样，并且租金的优惠、无敌的风景以及附近有大学都远远超过我的预期。

　　不得不感慨，宇宙真的太神奇了，心想事成真的很简单，唯一需要做的就是跟随自己的心。

　　假如我违心选择了市区那套公寓，将会错过多少美丽的风景和心动的瞬间。所以，境随心转吧，一切都是自己吸引的。

　　感恩宇宙，一切都是最好的安排！

　　Grace 点评：跟宇宙下完订单后，遵循内心真实的想法，跟随灵感的行动尤其重要。当我准备签下市中心那套不是特别满意的房子时，心里其实是很抗拒的，结果就出现了与我内心相呼应的画面，所幸我听从了内心的想法，果断重新寻找，从而找到梦想中的花园公寓。

顺利入 Day Care

分享者：**Grace**

微信：**sh2745785547**

【导读】我心中一阵窃喜，宇宙真是太神奇了，几乎有求必应，并且毫不费力，在我们需要一个 4 岁孩子的位置时，就碰巧有一位小朋友退学离开，并且这所幼儿园的各个方面都符合我的要求！

周四的中午，我在 15 层楼的客厅窗前敲打文字。阴转多云的天气，零下15℃，窗外偶尔飘着淡淡的雪花，房间里除了钟表的嘀嗒声和冰箱制冷声，世界静悄悄的，外面几乎听不到一丝车水马龙的声音。

这一天是宝贝去上幼儿园的第四天，家里更加宁静了，我也开启了一个人办公的模式：查收和回复邮件，看书，写作。

回想这次给宝贝找幼儿园，一切都顺利得超乎我的想象。按照这边的公立小学入学要求，通常是在每年的秋季招收新的学生，并且至少要满 4 岁才可以报名。在服务代理的帮助下，我们去蒙特利尔的教育中心登记了各种资料，然后又去了家附近的一所比较大的公立小学注册报名了。

宝贝是二月中旬满 4 岁，没法插班进入小学，在 9 月开学之前的这段时间，只能去上类似国内私立幼儿园的 Day Care（日托）。这样，可以让他在正式入学前适应一段时间英语和法语的教育环境，有个过渡缓冲期，也是挺好的。

这边 Day Care 分有政府资助的和没有政府资助的，前者价格要便宜非常多，但是排队的人也很多，通常一年半载都不一定能有位置进去（每个班级规定人数，不能超过），很多人都只能付更高学费上没有政府资助的 Day Care。

关于上何种幼儿园，我其实是在心里默默跟宇宙下了订单的：希望能找到一个离家近、交通便捷、教育理念比较人性化、老师和蔼可亲、真心喜欢孩子的幼儿园。关于价格，我们提前打听了，7.55～35 加币/天不等，就算最高价格，也跟国内私立幼儿园的价格差不多，还是可以承受的。当然，如果能遇到更低的价格，那是再好不过了。

在一月底搬家之前，我就开始在谷歌地图（Google Map）上搜索离家不远的 Day Care，搜到了 4 家都不算太远的，我一一做了记录，然后逐个搜索他们的资料。

第一家是地铁口边上的幼儿园。网站看起来非常温馨漂亮，尤其他们的口号是：Our Motto is happiness（我们崇尚快乐）。网站页面都做得非常吸引人。他们从 1973 年开办，已经有 40 多年的历史了，有政府资助的，每天学费 7.55 加币（约合人民币 35 元）。我还注意到一个细节，天气好的时候，他们会经常带孩子们到山上去玩耍，亲近大自然，我觉得非常符合我心目中理想的幼儿园。

于是，某天下午专门抽时间拨打电话，是一位女老师接听的，听了我对孩子情况的描述之后，她没有给我明确答复是否有位置，但让我下午四点钟找一位叫 Steve 的老师，他会跟我聊具体的情况。

心里感觉应该有希望，到了四点钟，我准时找到 Steve，他说目前 4 岁的班级还不确定是否有位置，可能会有，但需要过一周给我确定答复。

他没有具体说是有人要离开还是别的情况，但我直觉感觉应该有一位小朋友要转学，但是还不确定时间。通完电话，我心中非常坚信：托马斯一定可以进这所幼儿园。

第二家也是一家靠近地铁口的幼儿园，但是没有网站，在谷歌也没有搜到更多的资料。打电话过去之后，对方直接说 4 岁的班级目前没有位置了，让我去找别的学校。

　　第三家是稍微偏远一点的一所幼儿园，也同样没有留网站，看不到更多的信息，电话过去咨询情况，让我先在他们的网站上找到邮箱提交资料，后来一样未能找到任何资料。

　　第四家幼儿园离得更远了，电话一直没拨通，于是放弃了。

　　接下来的一周，我就一直等第一家幼儿园的消息，周一的时候我们已经搬到新的住处，我还没办理本地手机，也没有网络。早晨先生出门的时候，我叮嘱他下午记得给 Steve 打个电话，问下情况如何。

　　他晚上下班回来说，打了电话，电话中 Steve 告诉他目前 4 岁班级里有个女孩准备转学了，最近这两周确定要走了，但是还没办理离学手续，让我们再等一周，这周三下午四点可以带小朋友去幼儿园参观一下，先体验一下里面的环境。

　　我听到这个消息，基本上可以确认能去上这所不错的幼儿园了，我们都非常开心。心中无比感恩宇宙完美的安排：

　　离家近，老师和蔼可亲，学费低廉，并且没有花任何时间排队等待政府资助的 Day Care！上周末朋友聚餐时问起我们的学费，听说每天只要 7.55 美元，都吃惊不已，他们的宝贝现在在一家 Day Care，每天要支付 35 美元呢，并且他们排队等候了半年多这种政府资助的 Day Care 也没排上。

　　我心中一阵窃喜，宇宙真是太神奇了，几乎有求必应，并且毫不费力，在我们需要一个 4 岁孩子的位置时，就碰巧有一位小朋友退学离开，并且这所幼儿园的各个方面都符合我的要求。

　　不得不感慨：生活的实相确实是自己创造的，你聚焦什么，就拥有什么，宇宙真的毫无差错。

　　Grace 点评：这次寻找 Day Care 的过程顺利得超乎我的想象，首先是因为我在心中描绘了一幅自己想要的幼儿园的图景，然后带着这份美好的期待开始行动。在我需要四岁幼儿园位置时，就有人离开空出这个位置，不得不惊叹宇宙的神奇安排，一切都如此完美。再一次证明：生活中的一切实相，都是我们自己创造的！

我的法语老师 Marie

分享者：Grace
微信：sh2745785547

【导读】越长大，越发觉得走近一个人其实很简单，你只需要用自己最纯真、最本然的面目去感染对方。无论他来自哪里，说何种语言，都一定能读懂你，因为真我是没有国界的。

2016 年 2 月底，安顿好托马斯去幼儿园之后，我就开始寻找自己的法语课程班。

最终找到了两处时间比较适合的，其中一家就是家附近的 Chemindela Côte - des - Neiges 社区学校。

课程组织者曾告诉我，10 周的安排主要以会话为主，不会讲很深奥的语法知识。所以坦白说，报名后我对课程并没有抱太大期望，只是希望能有机会让自己锻炼一下口语而已。

在学习灵性成长课程时，我从一本书上读到一段话："到对任何人和事，都要学会放下评判，因为评判就意味着设限，意味着不够敞开。"

这种观点是我第一次听到，非常喜欢，所以我希望自己马上在生活中践行起来。有趣的是，从小到大我都有孩童般强烈的好奇心，一直活在理想的童话世界里。日常生活里听到、看到任何好玩的事情或者方法，我都会立刻去尝试，也因此收获了很多意想不到的喜悦。

比如，2 月我在朋友圈看到一个叫凯莉的女孩用 30 天找到男朋友，并且顺带出版了一本畅销书《30 天爱上自己》。同时，还读到一篇英文学习文章，说有人坚持大声朗读并背会新概念英语课文后，考研成绩大幅度提升。

这两件事给我触动很大，我决定在社区学校 3 月 15 日测试之前，用 19 天时间零起点挑战法语。

在这个过程中，一口气背下了一本法语教材中 20 多篇主要课文，我突然发觉自己一夜之间可以讲很多的法语了，也记住了很多的复杂的语法。

口语测试进行得非常顺利，除了极少数题目听不太懂外，其余都可以跟老师简单交流。后来，老师评价我：C'est parfait（表现非常完美）！

要知道，在我决定背诵课文之前，在国内学了一个月的法语基本都还给老师了，而我连一段简单的自我介绍都不能流利地讲出来。这个结果，简直让我高兴极了。

所以，生活中，我开始努力尝试放下对所有事物的评判，比如对这次为期 10 周的社区法语课的期待。我不管能学到什么知识，只想用最大的热情去迎接这次课程，相信过程一定会比结果更精彩！3 月 29 日晚上是第一次上课，出门前把自己打扮得漂漂亮亮的，微笑着面对镜子用法语做自我介绍，告诉自己要好好享受这难得的课堂时光。

到教室之后，发现是 A1 小班授课，班里共有 4 位同学，来自比利亚的 Aimen和 Fatima，另外就是我和朋友 Li。老师 Marie 是一位海地裔的加拿大老太太，笑容可掬，大约 70 岁的样子。披着花白的头发，头顶后面像女孩一样夹了一束头发，看起来精神矍铄。

第一节课主要是自我介绍，老师和同学们互相认识。

我介绍自己：我的法语名字叫 Adèle，来自中国上海，以前从事外贸工作，现在是一名学生。Marie 上课非常风趣幽默，我一直精力特别集中的跟着她的步伐，全程法语教学，发现我听起来基本没有什么障碍，不觉得信心倍增。

课间，我们仿佛一群刚刚学说话的小孩，不断地模仿老师的嘴唇动作和发音，跟老师互动。大家都兴致很高，笑声不断。有时，被叫上去写简单的单词和动词变位。有时，老师拿出一堆彩色卡片教我们学单词。

更让我欣喜的是，课堂上老师兢兢业业，不光教日常对话，一样给我们讲解语法，包括固定用法、动词变位等所有 A1 应该涵盖的知识点。

1 个多小时过得飞快，课堂上的讲义就讲完了，老师跟我们宣布下课了。

正准备背着背包离开的时候，我发现老师正在自己擦黑板，我立马放下大衣和背包，帮忙把黑板擦得干干净净，然后搬放到她想要放置的地方。

看着我娴熟的动作，她在一旁特别惊喜，连声跟我道谢并且露出天真的笑容。

今天晚上是第二周上课，我早早去了教室，Marie 已经笑语盈盈地站在教室门口，叫我的名字，并跟我热情地打招呼。这次课多了一位同学，课程主要是讲动词变位、冠词和定冠词，以及单复数等。

课程依然非常有趣，课堂互动的过程中，我发现 Marie 能清晰地记得我来自哪里、以前从事的是什么工作，甚至本周的讲义中多次以我的名字为例句。看到这些小细节，我内心特别感动，感动一位与我只有一面之缘的老师能记住自己那么多的信息。

我猜想：也许是我敞开胸怀，用最好的状态来迎接课堂的喜悦状态感染到老师了，也许是我不经意的一个善意动作让老师记在心底了。

越长大，越发觉得走近一个人其实很简单，你只需要用自己最纯真、最本然的面目去感染对方。无论他来自哪里，说何种语言，都一定能读懂你，因为真我是没有国界的。

感恩 Marie 老师带给我的感动。

Grace 点评：对任何人和事都要学会放下评判，不评判意味着敞开胸怀接纳一切。就像我对社区法语课堂也同样抱着孩童般的喜悦，结果就吸引到非常棒的老师，这也是宇宙对我内心的一种积极回应吧。

生活，应该有诗和远方

分享者：**Grace**

微信：**sh2745785547**

【导读】家家户户都是两三层的独栋或者联排小洋楼。门前绿树成荫，宽敞
的房间，随处可见的绿色植物，孩子成长的照片墙，处处流露出主
人对生活的热情。漂亮的后花园里，小草已经探出脑袋了，相信很
快就会是一片春意盎然，到时可以招呼一群朋友一起喝茶、聊天、
吃烧烤、喝点小酒……想想都觉得惬意极了。

最近，天气开始转暖了，户外活动也越来越多了。周六，多云的天气，我们
去了蒙特利尔皇家山上最高处的观景平台看风景。

蒙特利尔市区是在一个岛上，皇家山是这座城市的灵魂，所有的建筑都依山
而建，周围被圣劳伦斯河纯净的河水围绕着。

每天清晨或者傍晚的时候，我总感觉遥远的天边海天一色，看着云卷云舒，
造型变幻，有时恍若踏入了童话世界里的王宫，总禁不住幻想：那座迷人的宫殿
里都住些什么人呢？会不会上演灰姑娘被王子亲吻的画面呢？有时，看起来像一
座喧嚣的动物园，有大象、狮子和小鸭子在那里闲庭信步。

在观景平台上，我第一次俯瞰这座城市的全貌，真的让人心旷神怡，远远看

着圣劳伦斯河上波光粼粼，云朵似乎浮在河面上。山脚下的高楼大厦尽在眼底，有好莱坞特效电影里面主人公在城市的天空腾云驾雾的感觉。

托马斯和爸爸兴奋地找带有字母标志的房子，橘黄色的 Q 房（是我们刚来蒙特利尔市居住的酒店边上的一座高楼，他一直念念不忘），咖啡色的 A 房，粉色的 S 房。

看着两人手舞足蹈的背影，我感觉特别欣慰。一家人在哪里不要紧，开心喜悦胜过任何外在东西。

看到那座壮观的通往南岸大陆的跨河大桥，托马斯特别兴奋，一个劲儿大叫说那是 London bridge（伦敦大桥），把身边的人都逗乐了。

他说："爸爸，明天我们去那座桥上看风景好吗？"

刚好有个家住南岸的朋友约我们周日过去，爸爸欣然答应了托马斯。

周日下午，我们一家三口坐 45 路去南岸的朋友家玩了大半天。我们吃到久违的中国菜：萝卜炖牛腩、烤鸡、红烧茄子、芦笋腊肠、西红柿炒鸡蛋、小笼包……满满一大桌，托马斯吃得肚皮像小鼓。

那样的生活简直就是世外桃源：

家家户户都是两三层的独栋或者联排小洋楼。门前绿树成荫，宽敞的房间，随处可见的绿色植物，孩子成长的照片墙，处处流露主人对生活的热情。漂亮的后花园里，小草已经探出脑袋了，相信很快就会是一片春意盎然，到时可以招呼一群朋友一起喝茶、聊天、吃烧烤、喝点小酒……想想都觉得惬意极了。

那一刻，我想到一句话：生活，应该有梦，有诗，还有远方！

吃完饭，男同胞们去附近的学校打球，女同胞和孩子们留在家里喝茶、聊天。大多时间我是陪着孩子们，偶尔也会过来跟他们聊天，了解一下想知道的信息。

他们都到这边好多年，生活非常稳定安逸，每个人无论说话还是做事都特别的平静，也非常愿意给我们新来的朋友提供各种资讯和建议，比如买房、学车、孩子教育等。

　　四个小朋友一起玩得特别欢乐，一会儿堆积木，一会儿捉迷藏，一会儿让我当老师给他们上课。

　　除了托马斯，10 岁的 James 哥哥，6 岁的 Emily 姐姐，3 岁的 Qiqi 妹妹从小就在这边长大的，尤其 James 和 Emily 的法语超级流利，我们相互用法语做自我介绍时，James 语速简直放鞭炮一般，我都跟不上节奏。

　　让我印象特别深刻的是：Emily 小姐姐身材高挑，白白净净，大眼睛，声音特别温柔。她作为主人，非常大方，并且特别有耐心，把我们带到她的房间里，最心爱的玩具一一搬出来给所有朋友们玩，她也很有凝聚力，时刻把大家都聚拢在一起，玩得很开心。

　　不知道是不是我很受孩子欢迎，还有可能是我一直陪着他们玩的缘故，她竟然专门把自己认为最漂亮的东西，比如照片（有婴儿时期的，有跟父母去古巴海边度假的）、最好的发饰、自己的绘画册、最美丽的裙子、五颜六色的指甲油、儿童化妆盒等全都拿出来跟我一起慢慢欣赏。

　　我看到一张她小时候的照片，一只非常漂亮的小猫咪毛绒玩具趴在她肩膀上，他们都笑得特别甜美，温馨而美好。她很开心地对我说："阿姨，我妈妈每次看到这张照片都大笑不止，我想你肯定也喜欢。"听她这么一说，我也止不住笑起来了，一群小朋友也笑得前仰后合。

　　听说我正在学法语，她把学校发给他们的单词卡片拿出来认真地教我，逐一帮我纠正发音，小孩的发音特别精准，我跟她学了好几个特别难的发音。

　　不知道为何，每次面对这位可爱的小精灵，我都感觉天使降临人间：诗情画意、宁静平和、文静又不失大方、善解人意、心胸开阔……几乎所有美好的词语都想加载在她身上。

　　我猜想：那是因为她成长的环境给了她足够的滋养，优秀的父母，温婉的外婆，丰盛富裕的生活环境，加上天性的美好，才让她仿佛如童话世界的公主，像公主但没有公主病，美好得无以复加。让人想到梦想、诗，以及她无限美好的未来！

后来，我们在楼下客厅里聊天，我跟她妈妈夸赞她懂事，很会照顾弟弟妹妹。

她妈妈笑着说："她确实很喜欢照顾人，一直想要一个弟弟或者妹妹呢！"

身边的两位怀着二胎的妈妈附和说："哈哈，那还不赶紧生啊！"

不过，她妈妈好像不大乐意生第二个孩子。

她在一旁幽幽地说："如果妈妈不生弟弟妹妹，那我就养一只猫咪来照顾好了。"

话音刚落，一群人笑翻了，我注意到那一刻，她微笑略带绯红的小脸蛋特别漂亮。

还有一件小事，也给我感触很大。在楼上的房间里，胖乎乎的 Qiqi 妹妹（外形跟李湘女儿 Angela 感觉差不多）看到 Emily 姐姐的指甲油之后，特别喜欢，非要缠着姐姐给她涂，结果两只手瞬间变得五颜六色的，她很兴奋地下楼给爸爸妈妈看。

爸爸妈妈看完其实挺担心的，三岁的孩子有时还会啃手指头呢，不小心就吃到口里。

若是我的话，第一反应肯定是担心或者责怪，但他们的反应出乎我的意料。

爸爸拉着她的小手，很温柔地说："宝贝，小朋友不能涂指甲油的哦，不过这次就算了，回家给你洗掉吧。"

妈妈认真地看着那些色彩斑斓的小指甲，面带欣赏地说："没关系的，我觉得挺好看的，就这样留着吧。"

后来，不知道是她听出了爸爸妈妈其实不太赞同她涂指甲油，还是自己突然就不喜欢了。趁我上厕所的时候，她跑进来到洗手池边说："阿姨，我想把指甲油洗掉。"

我帮她尝试了一下，发现小孩的指甲油就像一层薄膜一样，轻轻一刮就掉了，很快我把她的双手清洗干净了。

她爸爸妈妈特别开心，连声跟我说感谢，谢谢我的耐心。其实，我更感谢他们的榜样力量，让我学会对孩子多一份温柔和包容，少一点儿担心和恐惧。

还有一些很有趣的现象，发现到这边后，业余时间男人们都特别居家，要么带孩子出去玩，要么约一群人一起打球，因为这里的娱乐活动远没有国内那么多。

工作日时间，差不多下午五点，公交车上挤满了回家的人群，很有趣的是公共场合抱孩子的是男士居多，真的就跟小贝宠爱小七的那画面一样，特别温柔帅气，有的用推车推着小朋友，有的手上拎着菜，有的是比萨之类的快餐，匆忙赶往回家的路。

每当到了夜晚，毫不夸张地说大街上都找不到几个人（可能冬天太冷的缘故，据说夏天这边很热闹），更别说打牌、唱歌了。

狄更斯有一句名言："如果你爱一个人，就要送他去纽约，因为那里是天堂；如果你恨一个人，也送他去纽约，因为那里是地狱。"如果把这句话中的地点换成加拿大，也应该有相同的效果。

所以，我能深深理解之前读到的一篇文章，一位高官厌倦了国内的官场生涯，携全家老小移民加拿大。然而，不到两年，他还是回国了。他说："实在受不了那种冷清！因为以前国内的家里来往的人一直络绎不绝，突然一下到了一个地大物博，人烟稀少的地方，确实是需要定力的。"

还好，我们一家人本身都是那种很安静、很淡定的人。所以，这种落差感觉并不是特别大。更何况，网络让时空的距离都不成问题。

有时，我发觉在这里久了，越来越能回归到生活的本质。

受当地人影响，先生似乎也能尝试将工作跟生活分开了，每天基本下班就回家，每晚6点多一家人一起吃晚餐的时候，窗外还是夕阳西下。

要知道这样的情景在上海几乎没有出现过，他没有一天晚上8点钟能到家的，每天的晚餐也是他一个人回来重新热下吃。

我经常想，同样的工作，为何两边需要的时间差别那么大呢？归结下来，还是文化差异的问题，这边人上班时间是真正的朝九晚五，中午吃饭的一个小时也算在工作时间里，而不是跟中国一样要多出一个小时。

另外，在中国很多公司中，如果你掐着点下班，即使不被老板骂，也会被同事鄙视。

其实，很多人都是上班熬时间刷朋友圈、逛淘宝，下班时不得已假装很忙碌，也要凭空多熬出一两个小时才能离开，生活品质也被工作完全绑架了。

《你只是看起来很努力》这本书中有一段经典语录："看起来每天熬夜，却只是拿着手机点了无数个赞；看起来起那么早去上课，却只是在课堂里补昨天晚上的觉；看起来在图书馆坐了一天，却真的只是坐了一天；看起来去了健身房，却只是在和帅哥、美女搭讪，你只是看起来很努力而已。"

祝福所有人生活里所有的努力都是为自己最重要的事情，而不是迫于外力让自己只是看起来很努力。

因为，人生除了谋生，还应该有诗，有梦和远方，与所有朋友共勉！

Grace 点评：*人生，除了工作，还应该有梦想和追求，所有的努力都应该只是为了最重要的事情，而不仅仅只是看起来很努力！*

参考文献

［1］朗达·拜恩．秘密［M］．长沙：湖南文艺出版社，2013.

［2］张德芬．遇见心想事成的自己［M］．长沙：湖南文艺出版社，2012.

［3］赖秋恺．《秘密》的秘密［M］．北京：世界图书出版公司，2013.

［4］迈克尔·劳塞尔．吸引力法则心灵使用手册［M］．北京：东方出版社，2008.

［5］乔·维泰利，伊贺列卡拉·修·蓝博士．零极限：创造健康、平静与财富的夏威夷疗法［M］．北京：中国青年出版社，2014.

附一：吸引力法则问答

问题一：什么是吸引力法则？它真实存在吗？

吸引力法则，是宇宙众多法则的一种，跟万有引力一样，不管你是否曾经运用过，或者知道它，它都一直是客观存在的。

从本质上而言，就是同类相吸的道理，比如生活中，我们总是倾向于跟自己志趣相投的朋友在一起，感觉会更舒服，这其实也是吸引力法则的一种表现。

我们今天要讨论的吸引力法则，是从思想层面上来说的。

最简单的方式就是，把自己想象成一块磁铁，你可以吸引到任何你想要的东西，包括财富、健康、理想的爱人、亲密的人际关系等。

吸引力法则强调同类会吸引同类，我们可以设想当你脑海中出现一个思想，会持续吸引到很多相似的思想过来，比如你听了一首大学时代的经典老歌，脑海不断回忆起当初听这首歌时候身边的的人和发生的事情，同时也会想起同一时期类似的旋律或者意境的歌曲。

你目前的生活就是你过去思想的显化，包括所有美好的事物，以及你认为不那么美好的事情，因为你最常想的事情或者说你思想的主旋律都会被你吸引过来，变成你生命的画面。

我们的任务就是持续保持我们想要事物的思想，让我想要的事物在心中保持绝对清晰，然后运用吸引力法则，变成自己最想要成为的那种人，也会吸引到你心中最想要的事物。

国际超级演说家、《秘密》的作者之一麦克·杜利把吸引力法则归结如下：

思想—变成—实物。

思想会发出磁力信息，是一种真实存在的力量，会将相似的事物吸引过来。

对于初次接触吸引力法则的朋友来说，非常值得注意的是，吸引力法则有一个重要的特性，就是它不会识别"不要、不、别"等类似的任何否定性的词汇，比如以下情形吸引力法则接收到的完全是相反的：

请不要想葡萄的味道，实际你脑海中第一时间出现葡萄酸酸甜甜的味道，不是吗？

我不想要加班，实际吸引到的：我想要加更多的班，越多越好。

不要对我这么凶，实际吸引到的：我想你对我凶狠一些，越凶越好。

我不想过这种痛苦的生活，实际吸引到的：我想要生活更痛苦。

我不想要感冒，实际吸引到的：我想感冒，而且还想感染更多疾病。

诸如此类，各位是不是觉得挺不可思议的？最主要的原因是尽管你不想要感冒、不想加班，但想到这件事情的时候，你脑海中持续聚焦的就是感冒和加班，所以宇宙只是如实反馈你的思想所散发的频率，而不会识别否定字眼，从而会吸引到更多的不想要的情形。

问题二：如何正确运用吸引力法则跟宇宙下订单?

第一步：要求。

你首先必须清楚地知道自己真正想要什么，可以抽时间将其列在一张纸上，越清晰具体宇宙越容易帮你实现。

下订单的过程，就好比你坐在餐厅，翻看菜单目录，然后决定：我想要这个，我想要那个体验，这样，你就是跟宇宙下订单的人了，真的就这么简单。

然而，很多人无法心想事成的原因是他们自己都不清楚到底想要什么，这样给宇宙散发出来的都是混乱的频率，因而很难实现。

此外，你想要达成某件事情，想要成为某类优秀的人，一定有背后的某种强烈的驱动力量，想办法把这些因素挖掘出来，清晰地告诉宇宙，然后宇宙才会调集各方力量，满足你的需求。

第二步：相信。

下完订单，一定要对宇宙全然相信，要有不可动摇的信心，在你下单的那一刻要放轻松，相信自己一定可以收到你订的东西。就跟我们在4S店定好车子，买好了旅行的机票一样笃定，想象你要的事物已经属于你了。

其实，你想要的任何事物，宇宙中都已经存在了，包括房子、车子、理想的爱人等，只是暂时还没有来到你的生命画面中，我们需要做的就是运用吸引力法则，把这些理想中的事物变成你的人生体验。

你的所行、所言和所思，就必须像正在接受它一样，因为宇宙是一面镜子，而吸引力法则正找映照出你的主要思想，你必须认为自己正在接收它，必须相信你已经收到，发出已经拥有它的感觉频率，这样好让这些画面传回来，显化在你的生活中，成为你的生命经验。

当你这么做的时候，吸引力法则将会驱动所有的情境、人和事件，好让你接受它。

第三步：接收。

大多数时候，我们下完订单后，一段时间看不到自己想要的结果，会变得沮丧失望，开始怀疑，这种思想和感觉会反馈到宇宙中，阻碍订单的实现，所以一旦有了这种情绪之后，要尝试转换频率，让自己坚信宇宙一定会帮你实现的！

在接收的时候，要感觉喜悦和美好，仿佛自己就是一个接受美好事物的接收器。告诉自己：我现在就在接收生命中一切美好的事物。这其实是一个创造的过程。

至于它如何发生？需要多长时间？你不用关心，全盘交给宇宙就好了，如果当你努力探究如何发生的时候，其实散发出了一种缺乏信心的信号，如何实现部分并不是属于你的部分，是由宇宙来决定的。

问题三：如何赶走内心的"小声音"？

很多吸引力法则初学者跟宇宙下完订单后，脑海中通常会有各种小声音在漫天飞舞。

我们可以尝试做一下练习：

1. 接纳各种好声音的存在。

2. 感谢它们的存在，而不是抗拒它。

3. 告诉它们自己很好，不用担心。

4. 透过各种清理工具和方法，比如夏威夷疗法，出现不好的感觉念四句箴言：对不起，请原谅我，谢谢你，我爱你！

当你努力清理掉内在的负面情绪和思想后，调整振动频率，宇宙一定会以更快更好的方式将你想要的一切显化到生命中来。

问题四：如何加速梦想实现进程？

加速梦想实现的强效方法包括：

1. 感恩日记

感恩世界上最高的振动频率，我们在秋恺老师的 A. S. K. A 函授课程中，有一个练习是需要反复做的就是感恩日记，对生命中发生的任何事情都保持感恩的心。

2. 视觉化

将心中期待的目标达成后的喜悦画面事先视觉化出来，可以做成愿景板，将想要的画面都提前呈现出现，完成之后会对订单的实现更加充满信心，就好像它已经实现了一样。

3. 布施

布施给那些启发过你、帮助过你、治疗过你、爱过你的人们。无论时间还是金钱、物质等。

这样你给宇宙散发的就是丰盛富足的频率，自然会吸引一切美好的人和事情，包括订单的实现。

4. 存好心，说好话，做好事

存好心意味着做任何事情都需要心中有他人，起心动念一定要善良，这样好的能量才会回流。

说好话就是对别人的优点和长处一定要真诚而发自内心地去赞美，这样你就能与一切美好的事物同频共振。

做好事无论何时都会让我们保持一颗赤子之心，也同样可以吸引更多同频的人和事，加速订单显化。

5. 清理

日常生活中会遇到很多负面的情绪影响订单的实现，让人异常烦躁，如果没有宁静的状态很难达成梦想。

这里要跟大家分享一种观点，《零极限》里面说：我们要为生命中发生的一切负起全责。

负起全责意味着接受生活中的一切，包括进入你的生命中的人们以及他们的问题，因为他们的问题也是你的问题。负全责并不表明问题都是你的错，同时，从另外一个角度来看，你可以百分之百掌控生命的方向盘。

《零极限》中夏威夷清理法如何操作呢？应对着潜意识的记忆说四句真言：对不起，请原谅我，谢谢你，我爱你！

运用这一方法的时机：一是当你觉得有不舒服的感觉或想法时，可以立马运用。在持续清理的过程中，你心中不舒服的感觉会逐渐消失。二是当你觉得外在的人、事、物不如己意，想要在最短时间改善外境时。

夏威夷疗法并不表示立刻会有结果，它的目的也不是达到什么效果，而是获取平静。

然而，当你真正这么做的时候，你想要的结果往往很容易出现。

问题五：有了吸引力法则，人生还需要努力吗？

毫无疑问，行动是必需的。因为吸引力法则必须与行动法则完美配合，才可以心想事成。

比如，比如一个人某天突发奇想跟宇宙下订单想要学会弹钢琴，那么第二天他就立马会了吗？显然是不可能。没有配合必要的行动，是无论如何也达不成的。

那么，肯定有人会疑惑：谁都知道要行动啊，可是那还要吸引力法则干什么呢？

拿下弹钢琴的订单来说，运用吸引力法则，你可以吸引到与钢琴相关的人、事、物，比如可能会有很不错的钢琴老师，很符合你业余时间安排的钢琴培训班，又或是亲朋好友送你一架钢琴或者比这些更好的事情。

这样，你就相当于吸引到更多天时、地利、人和的因素，你说梦想是不是实现更快呢？这就是吸引力法则的神奇力量。

问题六：心想事成的核心关键是什么？

《秘密》中说：如何实现部分是属于宇宙的，让我们安心等待接收订单就好了。很多人下完订单后，也坚持观想，但是想要的人生画面却迟迟不能出现。于是，就开始怀疑是不是宇宙没听到自己的愿望或者吸引力法则没有效果。

其实，你想要的一切都已经存在于宇宙之中，你唯一需要做的就是：保持心中美好的愿景，甚至不用一直观想，只要不产生与梦想抗衡的念头即可，然后通过灵感去付出行动。

你必须相信两点：

第一，宇宙一定会按照你的要求来帮助你。

第二，你值得拥有梦想中的一切。

只要你真心想要，并且感觉良好，宇宙永远会用最快最好的方法调集所有的资源帮你达成。

在所有这些努力的前提下，更重要的一点是：要懂得随顺宇宙的安排，在订单显化的途中，我们一定要敞开胸怀，迎接宇宙所有的礼物，哪怕这个礼物的包装非常丑陋，你也欣然接受吧。

当你保持内心的淡定与坦然，释放掉限制性的信念系统，相信并臣服宇宙，它将会用各种让你惊喜的方法达成你的愿望。

问题七：每个人都下订单，宇宙会缺货吗？

首先，我们生活在一个丰饶的宇宙，地球资源超过人类的需求，大自然处处都彰显着它的慷慨与富足。

现在之所以会出现粮食短缺、资源匮乏，主要是人类的贪婪、无知、狂妄、浪费等造成的，资源分配不均匀。另外，地球上那么多人不会同时要同样的东西，即便是下同样的订单，每个人能否将自己的振动频率调整到跟想要的东西同频，也是一个很大的问题。

所以，从根本上来说，宇宙是不会缺货的。

问题八：同样的订单，下一次就够了吗？

清晰地下一次就足够了，就像你跟旅行社预订了一个长途旅行一样，你不会再重复做同样的事情，跟宇宙下订单是同一个道理。你只需要跟随灵感付诸必要的行动，全然相信宇宙，然后静静等待就够了。

问题九：跟宇宙下订单要规定时间吗？

跟宇宙下订单是否规定时间要根据订单的实际情况，对于你觉得非常有信心可以实现的订单，可以加上时间限制。

但如果下了自己觉得短期内实现有些难度的订单，最好不要设定时间，放开一切限制性的信念，全然交给宇宙去处理，只要你感觉良好，它一定会以最快最好的方式帮你实现心愿。

问题十：有哪些宇宙法则可以与吸引力法则相辅相成呢？

行动法则、边际效应、丰盛法则、补偿法则、内外一致等宇宙法则都与吸引力法则息息相关，若能完美配合运用，就会加快梦想实现的速度。

附二：天使赞助名单

天使赞助名单如下（排名不分先后）：

杨燕君，一一，杨君芳，蒋晓玉，刘海燕，李安娜，丽洋，Kathy，Luna，金焰，林晓兔，Sonia，文兰，燕子，邱少，陆相荣，呼吸，文雁，符凤群，罗琳，吴柳花，李婷，汐汐，雷燕姿，林尚珠，王茜，甘露，美嫣，黄毅茂，法国梧桐，虞能洁，吴泽，蓝眼泪，刘梅，丁开慧，彩丽，徐云，阮阮，洪榕，圆圆，黄浦金，小连，余洋，龙龙，曹晓琪，张丽辉，四毛，筱薇，小娟，洪艳，乐乐，刘淼，Rebecca，魏夕雅，瑞芬，清禅，乐乐-北京，颖智，Iris，梦秋，美善，刘庆凤，王小雨，DD 鱼罐头，DD，刘嘉丽，华华，洪红，胡杨迪，伊玲，刘瑞丽，张慧，Shirley，平行，Shelia，Ada，刘立峰，刘小南，沙拉，心怡，Apple，凤霞，奕婷，奕鹏，徐淑娟，Ogreengo，莹姐，王丽红，宁宁，周媛，窦禹，星莹，玉梅，Emily，郭杏禅，王小暖，Anna，刘慧珍，等待，牛姐，玉米，云图，叶子，虹，念佛暖心。

感恩所有支持和鼓励我顺利完成此书创作的老师和朋友们。

感谢中国财富出版社的工作人员，为此书的选材、校对、审核出版所付出的辛勤汗水。

最后，还要感谢我的家人，他们无条件的爱和支持，让我有勇气踏上写作的道路，努力追寻心中的梦想。

后记：三个月，足以办成一件大事

蒙特利尔时间周五中午 12 点，国内已凌晨了。

从昨天加班忙到今天，我的新书《邂逅心想事成的人生》初稿终于完成了，从 4 月 1 日至今，整整 100 个日夜。

坐在电脑前，看着近 20 万的文字，思绪万千。

想起 3 月 31 日深夜，我把朋友圈里出书训练营招募文章发给——，正犹豫着是否报名参加。游戏规则是每天凌晨之前需要准时交作业，否则要被罚款甚至出局。

当时，我已经报了很多身心灵课程，每天都有写作任务，加上法语班也开课了，驾校也开学了，还要接送、陪伴小孩。时间真是不够用，尽管我对自己的毅力有十足的信心，但我担心因为事情实在太多，完不成任务会中途出局，无法面对这种尴尬。

所以，我潜意识想找一股支持我的力量，第一个想到好友——。

她一看文章就惊呼道："这机会很好啊，想睡觉枕头就送来了，咱们不正琢磨出书吗？这是宇宙送我们的礼物啊，再说过去 300 天咱们都坚持过，不过三个月而已啊！"

从她的语气中看不出丝毫的犹豫，我仿佛在筋疲力尽的跑道上被人使劲推了一把，瞬间满血复活了。

于是，大半夜的，我俩当即付款报名了，就开始了写书的旅程。

与此同时，"A. S. K. A. 幸福人生大家庭"里的海燕姐、兔子也加入了出书训练营，大家一起和群里其他伙伴如班长戴江瑞、90 后苗博、罗布泊刘小南等人相互鼓励，彼此加油，感觉特别好。

每天为了充分利用时间，我见缝插针，爬山的时候背法语课文、坐地铁写作业、在游乐场写文章已经变成常态了。

事实证明，人的潜能真的是无穷的，4 月一整月下来，我所有的任务，包括出书训练营都完成得非常好，没有一天作业落下。那个月写作累计超过 10 万字，创造我有生以来最高的纪录。

经过第一个月高强度训练后，我越发能应对自如了。

5 月，A. S. K. A. 第二次抱团学习开始了，我又毫不犹豫地报名了。坚持一天一篇学习感悟的节奏，来督促自己不断深入思考 A. S. K. A. 课程和吸引力法则的真正精髓。

6 月，一切依然在继续，这个月可以说是史上工作强度最大的一个月，每天雷打不动的任务：出书训练营一天一篇文章，A. S. K. A. 抱团学习一天一篇文章，写作、富足、疗愈三个训练营一天一篇文章，"圆梦天使团"晨间分享节目录制一天一期。另外，每周两次法语课，周末驾校练车一次。除此之外，我要早晚接送孩子、处理家务。

每天，一直起床特别困难的我，想起心中的梦想，依然坚持最晚六点爬起来。

起床后，听课程语音，静坐，写文章，做早餐。送孩子去学校，路上听法语，在车上完成法语作业。

没法语课的日子，我匆忙去菜市场和超市购物，一分钟不耽误地回家工作。坐在电脑前写文章到中午一点左右，煮点面条或水饺匆忙吃完。然后，继续完成各种写作任务。

下午四点半左右，我背起包匆忙去学校，很多次班车晚点我就直接跑步到学校。

陪孩子在游乐场玩两三个小时，回家时已快晚上八点了，匆忙准备晚餐，吃完晚餐接近九点。继续工作到九点半，然后跑步到十点左右回来，陪孩子读故事差不多到十一点，然后自己洗漱完毕已经快凌晨了，跟群里的朋友们交流分享一会儿就到凌晨一点了。

尽管非常累，但每天躺在床上，想起充实的一天，内心却充满喜悦。

这段时间里，我像一只上了发条的陀螺，忙得停不下来，但每件事情都是我发自内心特别喜欢的，所以并不觉得累吧。

可孩子每次一听说我要写文章，就拉着我读故事，说："妈妈，我不想你当作家，都没时间陪我了！"

先生说："亲爱的，你干吗这么拼，把自己搞得这么累呢？你本来可以轻松自如的，每天学学法语，逛逛街，喝喝茶，接送小孩就好了呀。"

我说："哈哈，因为我有梦想啊，我可不想在 30 岁的年龄就死掉，等到 80 岁才埋葬！"

他笑了，我承认我很执着，这份执着让我收获了无数的感动，五月初的新书众筹，3 天时间突破 4 万元，一个 100 多人的"圆梦天使团"一夜之间成立了，其中有来自"A. S. K. A. 幸福人生大家庭"的好朋友们，有外贸圈子的好友，有我多年的闺密朋友，有我生活中的同学朋友，有两年前创业时结识的客户和朋友，还有一直默默关注我的朋友们。

因为我的一个小小梦想，全宇宙的力量都被我调集起来了，让我一直沉浸在幸福与感动中。

经常有人和我说："Grace，好羡慕你，你真的很幸运，第一次从外贸转型写作就如此顺利，第一次出书就受到无数人的支持！"

确实，我一直都是个幸运的人，在人生的任何一个阶段都有贵人相助，紧要关头都能挺过去。

秋恺老师一对一咨询时说我是属于浴火凤凰型的人，人生会经历很多考验，若挺过去了就是一只美丽的凤凰；若挺不过去，就会被烤熟了。

这么多年也确实如此，关键时刻都熬过去了，老天对我真的不薄。除了运气以外，我觉得是源于内心深处的那份对梦想的坚持和执着。

很多新朋友可能不知道，两年前我就开始了每天一篇原创文章的经历。那时候，在国内创业进展如火如荼，每天忙于销售业绩，压力非常大，但每天夜深人静的时候，唯有写作才会让我找到灵魂的寄托。

我风雨无阻地在 QQ 空间坚持写了一整年，那段经历不光锻炼了我的文字表达能力，也让我的克服困难的能力得到空前的提高。

写完 365 篇文章之后，我给自己放了一个长假，开启了重新寻找人生方向的旅程。

后来，我突发灵感运作"吸引力法则的魔法见证"公众号，将写作和吸引力法则密切结合起来。

这个摸索将我彻底送上了专职写作的道路，到后来专注于写书，一切都水到渠成。

我越发觉得，在自己擅长的领域努力，你仿佛拥有一股神奇的魔力，会让你一天天靠近自己的梦想。

如今，回头来看，一切也都是自己吸引的，因为儿时就有当作家的梦想，两年前无意识地坚持写作，到今天全然享受这种状态，一切似乎都早已注定。

写了这么多，我只想告诉大家：梦想，还真的必须要有。因为，终有一天，它会生根发芽的！

凌晨已过了，正当我对着书稿发呆的时候，顺手把最新的目录发给好友一一。很快，我收到她的回复："真的很棒，从第一稿我就喜欢的，深切感受到你的'浴火凤凰数发作'。其实，我对你比对我自己更有信心，这三个月我也收获了很多，跟你下了趟海。每一版的目录我都喜欢，这一版尤其好！这次经历也让我知道，3 个月，1000 小时，足以办成一件大事！"

亲爱的，你说得没错，3 个月，1000 小时，足以办成一件大事。因为专注确实可以创造奇迹！

张翔

2016 年 7 月 9 日